21世纪应用型高等院校示范性实验教材

广东省本科高校精品教材立项项目

物理化学实验教程

Course of Experimental Physical Chemistry

第二版

主　编　蔡邦宏

副主编　刘　茹　李文超　李　勇

主　审　陈梓云

U0361395

南京大学出版社

图书在版编目(CIP)数据

物理化学实验教程 / 蔡邦宏主编. —2版. —南京：
南京大学出版社，2016.8（2020.1重印）
    21世纪应用型高等院校示范性实验教材
    ISBN 978 - 7 - 305 - 17465 - 0

    Ⅰ. ①物… Ⅱ. ①蔡… Ⅲ. ①物理化学－化学实验－
高等学校－教材 Ⅳ. ①O64 - 33

    中国版本图书馆 CIP 数据核字（2016）第 195044 号

出版发行　南京大学出版社
社　　址　南京市汉口路 22 号　　　　邮　编　210093
出 版 人　金鑫荣
丛 书 名　**21世纪应用型高等院校示范性实验教材**
书　　名　**物理化学实验教程（第二版）**
主　　编　蔡邦宏
责任编辑　揭维光　吴　汀　　　　编辑热线 025 - 83592146

照　　排　南京南琳图文制作有限公司
印　　刷　南京鸿图印务有限公司
开　　本　787×1092　1/16　印张 12.25　字数 306 千
版　　次　2016 年 8 月第 2 版　2020 年 1 月第 2 次印刷
ISBN　978 - 7 - 305 - 17465 - 0
定　　价　32.00 元

网址：http://www.njupco.com
官方微博：http://weibo.com/njupco
官方微信号：njupress
销售咨询热线：(025) 83594756

第二版前言

物理化学实验是高等院校化学、化工及相近专业的一门重要的实验实训课程，它对物理化学理论的理解和应用以及基本科研素养和能力的培养都起着非常重要的作用。目前，物理化学实验教材版本众多，内容丰富，各具特色。但由于各校实验条件的不同及仪器的更新换代，现有教材或多或少总有一些不相适应之处，给学生预习和教师授课带来诸多不便。本教材正是出于这一考虑，为了适应大多数院校的实际情况和物化仪器的发展现状，结合教学大纲的要求而组织编写的。

本教材分绪论、实验、常用仪器、附录四个部分。第一部分介绍了物理化学实验的基础知识。第二部分精选了 27 个实验，力求涵盖物理化学的基本实验、实验方法和技术，突出基础性和实用性，并尽量选用低毒、价廉、易得试剂和现代、常规、通用仪器（多为南京大学应用物理研究所产品），部分实验如溶解热的测定、金属相图、BZ 振荡反应等采用计算机在线采集处理数据，差热/热重、气相色谱、红外光谱、电化学工作站等内容则另划入现代化学实验（仪器分析）课程。第三部分介绍了物理化学实验中的常用仪器，重点放在仪器的操作和使用注意事项方面，对仪器的结构和原理则尽量略写。第四部分主要给出了物理化学实验中一些常用的数据表。

本书在第一版基础上部分实验内容作了重新修订，新增了一个计算化学实验。参与本次修订工作的有蔡邦宏、刘茹、李文超、李勇等同志。第一版参编者李京雄同志因另有任务安排，未参与本次修订工作。全书由蔡邦宏教授统稿。陈梓云教授认真审阅了书稿，并提出了许多宝贵有益的意见。本书的出版得到嘉应学院教育部特色专业建设点、化学实验教学中心和南京大学出版社的大力支持和帮助，在此表示衷心的感谢。本书在编写过程中引用了大量资料，现择其主要者列于书末，并谨向原作者致以谢忱。本书若尚有可观之处，当归功于所引之书诸作者，若有瑕疵和纰漏，则责在编者。

由于编者水平有限，书中错误和不妥之处在所难免，热忱欢迎各位读者批评指正，以便我们及时更正。

编　者

2016 年 5 月

目 录

Ⅳ. 附录

Ⅰ. 绪　　论

一、实验目的和要求

（一）实验目的

物理化学实验是继无机化学实验、分析化学实验、有机化学实验之后的又一门化学基础实验课程，是化学、化工及相近专业实验教学体系中的重要组成部分。它综合了化学各分支所需的基本研究方法和工具，对学生独立开展科学研究工作有很好的锻炼作用。其主要目的是：

（1）巩固并加深对物理化学课程中有关理论和概念的理解。

（2）掌握物理化学实验的基本方法、基本技能及常用仪器的构造、原理和使用方法，了解近代大型仪器的性能及在物理化学中的应用。

（3）培养锻炼学生的动手能力及观察、记录、数据处理、分析实验现象的能力。

（4）培养学生勤学、认真、求实、节约、环保的优良品德和科学精神。

（二）实验要求

1. 实验预习

（1）准备一本实验预习报告本（实验时只需带预习本，不能带书包等进实验室）。

（2）实验前要认真预习实验内容及有关资料，了解实验的目的和原理、所用仪器及使用方法、所需药品及配制方法，明确所要测量的物理量和应该记录的数据，对整个实验操作过程做到心中有数。在此基础上写出预习报告，预习报告主要包括实验名称、实验目的、简单原理、简明步骤、注意事项、按实验步骤顺序列出的原始数据记录表格等。

（3）达到预习要求后方能进行实验。

2. 实验记录

（1）准确记录实验日期、室温、气压、合作者姓名，仪器名称、型号或规格，药品名称、纯度或浓度。

（2）仔细观察、记录实验现象和数据，实验数据应随时准确地记录在预习本上（不能随手记录在单张零纸上），标明数据的单位和符号，尽量采用表格形式，做到实事求是，不主观拣选或随意涂改（如有记错，可在该数据上划一道线，作为记号，但不得涂污，再在旁边记下正确的数据）。

3. 实验过程及注意事项

（1）首先认真听取老师讲解，核对仪器和药品，对不熟悉的仪器设备，应先仔细阅读说明书或请教老师。仪器装置完毕，须经老师检查同意后方能开始实验。

（2）严格按照教材或老师所讲进行实验，如有更改，须征得老师同意。

（3）公用仪器和药品用毕应立即放回原处，不要随意乱放，以免混淆。

（4）规范操作，认真观察，详细记录，积极思考。

（5）注意安全，爱护仪器设备（如有异常或损坏应立即报告老师），节约药品水电，保持室内安静整洁卫生，不乱丢乱倒杂物废液，不大声谈笑嬉闹，不到处乱走乱动。

（6）实验完毕后，先将实验数据交老师检查登记，然后才结束实验，洗净玻璃仪器，清理仪器和桌面，登记仪器使用情况，经老师同意后方可离开实验室。

（7）每次实验均应安排值日生搞好卫生，检查水、电、气是否关好，确保实验室安全。

4. 实验报告

（1）实验报告必须及时独立完成，字迹工整，叙述清晰，条理分明，不得相互抄袭。

（2）报告内容包括实验名称、实验目的、简单原理、仪器药品和实验条件、简明步骤、数据记录和处理、思考讨论等。

（3）实验数据尽可能采用表格形式记录，数据处理要按有效数字的有关规则进行，作图要用坐标纸或电脑作图，思考讨论主要针对实验中所观察到的重要特殊现象，实验原理、过程、方法、仪器的改进，误差的来源，实验的成败等进行分析。

二、实验室安全知识

化学是一门实验科学，实验室的安全非常重要。化学实验室常常潜藏着发生诸如爆炸、着火、中毒、灼伤、割伤、触电等事故的危险，如何防止这些事故的发生以及万一发生又如何处理，这是关系到实验者人身和国家财产安全的重大问题，是每一个化学工作者都必须具备的素质。本节主要结合物理化学实验的特点就仪器仪表、高压钢瓶、化学药品的安全使用知识作一简要的介绍。

（一）安全用电常识

1. 关于触电

人体通过 50 Hz 的交流电 1 mA 就有感觉，10 mA 以上使肌肉强烈收缩，25 mA 以上则呼吸困难，甚至停止呼吸，100 mA 以上则使心脏的心室产生纤维性颤动，以致无法救活。直流电在通过同样电流的情况下，对人体也有类似的危害。为防止触电，用电时应注意：

（1）不用潮湿的手接触电器，不直接接触裸露或绝缘不好的通电线路和设备。

（2）一切电源裸露部分都应有绝缘装置（如电线接头应裹上胶布，开关应有绝缘匣等），已损坏的接头、插头、插座或绝缘不良的电线应及时更换，所有电器设备的金属外壳都应接地。

（3）实验时必须先接好仪器的线路再接电源，实验结束时则应先关闭仪器的开关再切断电源，然后再拆除线路。

（4）修理或安装电器设备时必须先切断电源，不能用试电笔去试高压电。

（5）应清楚实验室电源总闸的位置，以便一旦发生事故时能及时拉闸断电。

（6）万一不慎发生触电事故，应立即拉开电闸，再将触电者抬到空气流通的地方。如触电者没有停止呼吸，可让其仰倒，头部稍低，解开衣扣，用棉花沾些氨水放在鼻孔下，以使其尽快恢复知觉；若虽已停止呼吸但仍有抢救可能时，应立即进行人工呼吸，并迅速请附近的医生来就地诊治。在急救过程中应注意保护触电者的体温，同时千万不要注射强心针，否则将导致触电者更难恢复心脏跳动。

2. 负荷及短路

物理化学实验室总电闸一般允许最大电流为 30~50 A，超过时就会使保险丝熔断。一般实验台上分闸的最大允许电流为 15 A。使用功率很大的仪器，应事先计算电流量。应严格按照规定的电流接保险丝，否则长期使用超过规定负荷的电流时，容易损坏仪器、引起火灾或其他事故。接保险丝时，应先拉断电闸，不能带电操作。为防止短路，应避免导线间的摩擦，尽可能不使电线电器受到水淋或浸在导电液体中。

若室内有大量氢气、煤气等易燃易爆气体时，应严禁使用明火，防止产生电火花，以免引起火灾或爆炸。电火花经常在电器电线接触点(如插销)锈蚀或接触不良、继电器工作及开关电闸时发生，因此，应注意保持室内通风，电线接头要接触良好并牢固包扎，继电器上可联一个电容器(以减弱电火花)等。万一着火应首先拉开电闸，切断电路，再用一般方法灭火。如无法拉开电闸，则可用砂土、干粉或 CCl_4 灭火器等灭火，决不能用水或泡沫灭火器来灭电火，因为它们导电。

3. 仪器仪表的使用

(1) 仔细阅读仪器仪表的使用说明书，弄清其性能、使用范围和注意事项。注意其所要求的电源是交流还是直流、是三相还是单相，电压是否相符(380 V、220 V、110 V、6 V 等)，功率是否合适。对直流电器，注意其正、负极不能接错。

(2) 注意仪表的量程。待测量的大小必须与仪器的量程相适应，若待测量的大小不清楚，则应先从仪器的最大量程开始。

(3) 线路安装完毕应检查无误。正式实验前不论对安装是否有充分把握(包括仪器量程是否合适)，总是先使线路接通一瞬间，根据仪表指针摆动的速度和方向加以判断，确定无误后方能正式进行实验。实验中发现异常情况如局部升温太高或嗅到焦臭味时，应立即切断电源进行检查。

(4) 测量间隙较长或不进行测量时，应断开线路或关闭电源，以延长仪器的使用寿命。

(二) 气体钢瓶的使用

气体钢瓶用于存贮压缩气体或液化气，是实验室常用的气源。气体钢瓶是一种高压容器，容积一般为 40~60 dm^3，最高工作压力为 15 MPa(最低的也在 0.6 MPa 以上)，钢瓶肩部有用钢印打出的下述标记：

制造厂　　　　　　　　　制造日期
气瓶型号编号　　　　　　气瓶质量
气体容积　　　　　　　　工作压力
水压试验压力　　　　　　水压试验日期及下次送检日期

为避免各种钢瓶使用时发生混淆，常将钢瓶漆上不同颜色，写明瓶内气体名称。

表 Ⅰ-1　我国部分气体钢瓶常用标记

气体类别	瓶身颜色	字样	字样颜色	腰带颜色
氧气	天蓝	氧	黑	—
氢气	深绿	氢	红	红

（续表）

气体类别	瓶身颜色	字样	字样颜色	腰带颜色
氮气	黑	氮	黄	棕
氦气	棕	氦	白	—
压缩空气	黑	压缩空气	白	—
液氨	黄	氨	黑	—
氧气	草绿	氧	白	白
二氧化碳	黑	二氧化碳	黄	黄
石油气体	灰	石油气体	红	—
乙炔气	白	乙炔	红	—

使用高压气体钢瓶时应注意：

（1）各种高压气体钢瓶必须定期送有关部门检验。充一般气体的钢瓶至少每3年送检一次，充腐蚀性气体的钢瓶至少每2年送检一次，合格者才能充气。

（2）钢瓶搬运时，要盖好钢瓶帽，套上橡胶防震圈，轻拿轻放，避免撞击、摔倒和激烈振动，以防爆炸。放置和使用时，必须用架子或铁丝固定牢靠。要时常检查以确保接口和导气管不漏气。液化气体钢瓶使用时一定要直立放置，禁止倒置使用。

（3）钢瓶应存放在阴凉、干燥、远离热源的地方，避免明火和阳光曝晒。可燃性气体（如 H_2、C_2H_2）钢瓶与氧气钢瓶必须分开存放，氢气钢瓶最好放置在实验大楼外专用的小屋内。

（4）使用钢瓶气时，除 CO_2、NH_3 外一般都要装上减压器，其目的是使气体压力降至实验所需范围且保持稳压。各种减压器除 N_2 和 O_2 的可通用外，其他的都不能混用，以防爆炸。

（5）可燃性气体钢瓶的阀门是"反扣"（左旋）螺纹，即逆时针方向拧紧；非燃和助燃性气体（如 N_2、O_2）钢瓶的阀门是"正扣"（右旋）螺纹，即顺时针方向拧紧。开启阀门时应站在气表一侧，以防万一减压器冲出伤人。

（6）可燃性气体应有防回火装置。有的减压器已附有此装置，也可在导气管中填装铁丝网或加接液封装置。

（7）钢瓶上不得沾染油类及其他有机物，特别在气门出口和气表处，更应保持清洁。不可用棉、麻等物堵漏，以防燃烧引起事故。

（8）停止用气时，先关钢瓶阀门。开氧气钢瓶阀门前，必须首先检查减压器是否处于关闭（调节螺杆逆时针旋至最松）位置，以防高压气直接冲进充气系统使减压器失灵。

（9）不可将钢瓶中的气体全部用完，一定要保留 0.05 MPa 以上的残留压力。可燃性气体 C_2H_2 应剩余 0.2～0.3 MPa（约 2～3 kg/cm² 表压），H_2 应保留 2 MPa，用来核对气体和防止其他气体进入，以防重新充气时发生危险。

（三）化学药品的使用

化学药品在使用不当时会引起中毒、灼伤、燃烧、爆炸等各种事故。因此，实验前应预先了解所用药品的性能，做好防范措施。

1. 防毒

大多数化学药品都有不同程度的毒性。毒物可以通过呼吸道、消化道、皮肤等进入人体。因此,防毒的关键是要尽量减少或杜绝毒物进入人体,做到:

(1) 操作有毒气体(如 H_2S、Cl_2、Br_2、NO_2、浓盐酸、氢氟酸等)应在通风橱中进行。

(2) 防止煤气灯具、管道漏气,煤气使用完后一定要把闸门关好。

(3) 某些药品(如苯、四氯化碳、乙醚、硝基苯等)的蒸气会引起中毒,虽然它们都有特殊气味,但久吸后会使人嗅觉迟钝,必须高度警惕。

(4) 某些药品(如苯、有机溶剂、汞)能透过皮肤进入体内,应避免直接与皮肤接触。

(5) 高汞盐($HgCl_2$、$Hg(NO_3)_2$ 等)、可溶性钡盐($BaCl_2$、$Ba(NO_3)_2$ 等)、重金属盐(镉盐、铅盐等)以及氰化物、三氧化二砷等剧毒药品应妥善保管,小心使用,废液应予回收,不能乱倒。

(6) 用移液管移取液体特别是有毒或腐蚀性液体(如苯、洗液等)时,严禁用嘴吸。

(7) 不得将饮食用具带进实验室,不得在实验室内喝水、抽烟、吃东西,以防毒物沾染。离开实验室时要洗净双手。

2. 防爆

可燃性气体和空气(或氧气)相混合,当两者的比例处于爆炸界限(见表Ⅰ-2)时,只要有一个适当的热源(如电火花)诱发,就会引起爆炸。因此,应尽量防止可燃性气体或蒸气散失到室内空气中,同时要保持室内通风良好,不使它们形成爆鸣混合气。在操作大量可燃性气体时,应严禁明火,严禁使用可能产生电火花的电器以及防止铁器撞击产生火花等。

表Ⅰ-2　某些可燃气体在空气中的爆炸界限(20℃,101.325 kPa)

可燃气体	爆炸上限(体积分数/ %)	爆炸下限(体积分数/ %)	可燃气体	爆炸上限(体积分数/ %)	爆炸下限(体积分数/ %)
氢	74.2	4.0	醋酸	—	4.1
乙烯	28.6	2.8	乙酸乙酯	11.4	2.2
乙炔	80.0	2.5	一氧化碳	74.2	12.5
苯	6.8	1.4	水煤气	72	7.0
乙醇	19.0	3.3	煤气	32	5.3
乙醚	36.5	1.9	氨	27.0	15.5
丙酮	12.8	2.6			

另外,有些化学药品如叠氮铅、乙炔亚铜、乙炔银、氮化银、雷酸银、高氯酸盐、过氧化物等受震或受热容易引起爆炸,使用时要小心。特别要防止强氧化剂和强还原剂放在一起。久置的乙醚使用前应设法除去其中可能产生的过氧化物。

3. 防火

物质燃烧需要具备三个条件:可燃物、氧气或氧化剂、一定的温度。由于空气中就有氧气,而常用的有机溶剂如乙醇、乙醚、丙酮、苯、二硫化碳等都是易燃物,故使用这类溶剂时,室内不应有明火及电火花、静电放电等。同时,这类药品在实验室不可存放过多,用后应及时回收处理,切不可倒入下水道,以免积聚引起火灾。有些物质能自燃,如黄磷在空气中就能因氧化而升温自燃,一些金属如铁、锌、铝等的粉末因比表面极大也能激烈氧化自燃。钠、钾、电石以及金属的氢化物、烷基化合物等也应注意存放和使用。

万一着火,应冷静判断情况采取措施。可以采取隔绝氧的供应、降低燃烧物的温度、将可燃物与火焰隔离等方法。常用来灭火的有水、砂,以及二氧化碳、四氯化碳、泡沫、干粉灭火器等,可根据着火原因、场所情况予以选用。

水是最常用的灭火物质,既可降低燃烧物的温度,又能形成"水蒸气幕"隔阻空气,但应注意起火地点的具体情况:① 有钠、钾、镁、铝粉、电石、过氧化钠等时,应采用干砂等灭火;② 易燃液体(密度比水轻)如汽油、丙酮、苯等的着火,宜采用泡沫灭火器,因泡沫更轻,能覆盖其上隔绝空气;③ 在有灼烧的金属或熔融物的地方着火时,应采用干砂或固体粉末灭火器(一般是在碳酸氢钠中加入相当于碳酸氢钠质量 45%～90% 的细砂、硅藻土或滑石粉);④ 电器或带电系统着火,宜采用二氧化碳或四氯化碳灭火器。以上四种情况都不能用水,因为有的可产生氢气等使火势更大甚至引起爆炸,有的会发生触电等。同时也不能用四氯化碳灭碱土金属着火。另外,四氯化碳有毒,室内救火时最好不用。灭火时不能慌乱,应防止在灭火过程中再打碎可燃物的容器。平时应熟悉各种灭火器材的使用及存放地点。

4. 防灼伤

强酸、强碱、强氧化剂、溴、磷、钠、钾、苯酚、冰醋酸等都会腐蚀皮肤,使用时要注意,尤其应防止它们溅入眼内。和电加热炉具、热电偶等的高温一样,液氮、干冰等的低温也会严重灼伤皮肤。万一灼伤应迅速清除皮肤上的化学药品(某些物质灼伤时可先用大量水冲洗,再用适合于清除该物质的特种溶剂、溶液或药剂仔细洗涤处理伤处),情况严重时应立即送医治疗。

5. 防水

有时因故停水,实验被迫中止而水阀没有关闭,若来水后实验室无人,又遇排水不畅,则会发生事故,淋湿浸泡仪器药品,甚至使某些试剂如钠、钾、金属氢化物、电石等遇水发生燃烧、爆炸等。因此,离开实验室前一定要检查水、电、气是否关好。

6. 防汞

常温下,汞逸出蒸气,吸入人体会使人受到严重毒害。一般汞中毒可分急性和慢性两种。急性中毒多由高汞盐(如 $HgCl_2$)入口所致,$0.1～0.3$ g 即可致死;慢性中毒由汞蒸气吸入所致,症状为食欲不振、恶心、大便秘结、贫血、骨骼和关节疼痛、神经系统衰弱等,其原因可能是由于汞离子与蛋白质作用生成不溶物,因而妨害生理机能。

汞蒸气的最大安全浓度为 0.1 mg·m^{-3}。而 20℃时汞的饱和蒸气压为 0.16 Pa,比安全浓度大 100 多倍。若室内通风不良,而又有汞直接暴露于空气,就有可能使空气中汞蒸气的浓度超过安全限度。因此,必须严格遵守安全用汞的操作规程:

(1) 汞不能直接暴露于空气中,在装有汞的容器中应在汞面上加水或其他液体覆盖。贮存汞的容器必须是结实的厚壁玻璃器皿或瓷器,以免由于汞本身的质量而使容器破裂。如用烧杯盛汞,汞量不得超过 30 mL。

(2) 装有汞的仪器应尽量远离热源,避免受热,严禁将有汞的器具放入烘箱。

(3) 一切倒汞操作,不论量多少,一律在装有水的浅瓷盘上进行,以使操作过程中偶尔洒出的汞滴不至散落到桌面或地上。在倾去汞上的水时,应先把水倒入烧杯,再由烧杯倒入水槽。倾汞时动作要轻缓,不要用超过 250 mL 的大烧杯盛汞,以免倾倒时溅出。装汞仪器的下面也应放置装有水的浅瓷盘。

（4）用汞的实验室应有良好的通风设备（特别要有通风口及在地面附近的下排风口），经常通风排气，并最好与其他实验室分开。实验操作前应仔细检查仪器安放和连接处是否牢固，以免实验时脱落使汞流出。

（5）若万一有汞掉在地上、桌上或水槽，应尽可能用吸汞管将汞珠收集起来，再用能形成汞齐的金属片（如 Zn、Cu）在汞溅落处多次刮扫，最后用硫磺粉覆盖并摩擦，使汞转变成硫化汞。亦可用高锰酸钾溶液使汞氧化。

（6）擦过汞齐或汞的滤纸或布片必须放在有水的瓷缸或玻璃器皿内。

（7）手上有伤口，切勿触及汞。

三、误差分析

实验中由于所用仪器、方法、条件以及实验者感官的限制，任何测量都不可能得到一个绝对准确的数值，测量值和真值之间必然存在着一个差值，称为"测量误差"。只有知道结果的误差，才能了解其是否可靠是否有价值，进而考虑如何改进实验方法、技术及仪器选配等问题。如在实验前能清楚该测量允许的误差大小，就可以正确地选择适当精度的仪器、实验方法和条件控制，不致过分提高或降低实验的要求，造成浪费和损失。正确地分析误差也是在实验以后合理进行数据处理的基础。

（一）误差的分类

任何测量都会有一定的误差或偏差。误差是指测量值与真值之差，偏差是指测量值与平均值之差。但习惯上常将两者混用而不加区别。

根据误差的性质及其产生的原因，可将误差分为三类，即系统误差、偶然误差、过失误差。

1. 系统误差

系统误差是由一定原因引起的恒定偏差，它使结果总是偏大或者总是偏小，其数值总可设法加以确定（比如作空白、对照、标准试验），因而在多数情况下其影响可用校正量来修正。系统误差的起因很多，例如：

（1）仪器误差。如仪器构造不够完善、刻度不准、零点偏移等。

（2）试剂误差。如试剂纯度不够或者含有某些干扰杂质等。

（3）方法误差。如采用了某些假定或近似公式，反应不完全，指示剂选择不当等。

（4）个人习惯性误差。如读取仪表读数时总是把头偏向一边，记录某一信号的时间总是滞后或总是提前等。

系统误差不能靠增加测量次数加以消除。只有不同实验者用不同方法、不同仪器所得数据相符合，才可认为其已基本消除。

系统误差决定测量结果的准确度。

2. 偶然误差

偶然误差是由实验时许多不能预料的因素（如实验者感官灵敏度有限、操作技巧不够熟练、仪器最小分度限制、外界条件波动等）引起的随机性误差，其值时正、时负、时大、时小。它在实验中总是存在的，无法完全避免，但服从几率分布，如图Ⅰ-1所示。误差分布具有对称性,正、负误差出现的概率相等,越大的误差出现的概率越小。因此,可通过增加测量次数加以克服。在没有系统误差的条件下,测量次数越多,其算术平均值就越接近真值。

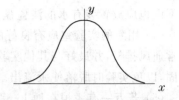

图 I-1 偶然误差的正态分布曲线

偶然误差决定测量结果的精密度。

3. 过失误差

过失误差是由于实验者粗心大意、操作不当所引起的,如读错、记错、算错或实验条件的突然改变等,它是可以而且应该完全避免的。

系统误差和过失误差都是可以设法避免的,偶然误差则不可避免,因此,最好的实验结果应该只含有偶然误差。

(二)误差的表达

1. 准确度和精密度

准确度是指测量结果的正确性,也即测量值与真值的接近程度。在实际测量中,真值是未知的,通常以多次测量所得的算术平均值或文献值来代替。

精密度是指测量结果的重现性或平行性以及有效数字位数,也即各测量值彼此互相接近的程度。

精密度高,准确度不一定好;相反,准确度好,精密度一定要高,即好的准确度必须要以高的精密度作为前提。准确度和精密度的关系可用图 I-2 加以说明。甲、乙、丙三人同时测量某一物理量,各测四次,测量结果以小圈表示。由图可见,甲的测量结果的精密度很高,但平均值与真值相差很大,说明其准确度很差;乙的测量结果的精密度很差,自然也就谈不上准确(准确度必然也差);只有丙的测量结果的精密度和准确度两者俱佳。

图 I-2 准确度与精密度的关系示意图

2. 绝对误差和相对误差

绝对误差(简称误差)是测量值与真值之差,相对误差是绝对误差与真值之比,即

$$绝对误差 = 测量值 - 真值$$

$$相对误差 = \frac{绝对误差}{真值}$$

绝对误差的单位与被测量相同,相对误差则量纲为1,故不同物理量的绝对误差不能进行比较,相对误差则可以相互比较。因此,评定测量结果的精密度以相对误差更为合理。

3. 平均误差、标准误差和或然误差

设各次测量结果 $a_i(i=1\sim n)$ 的算术平均值为 $\bar{a}$,则

平均误差为

$$\bar{d} = \frac{1}{n} \sum_{i=1}^{n} |a_i - \bar{a}|$$

标准误差(也称均方根误差)为

$$\sigma = \sqrt{\frac{1}{n-1} \sum_{i=1}^{n} (a_i - \bar{a})^2}$$

或然误差 p 是全部误差按绝对值大小顺序排列时中间的那个误差。

三者在数值上略有不同,测量次数很多时其关系为: $p:\overline{d}:\sigma=0.675:0.794:1.00$。

通常用平均误差或标准误差来表示测量的精密度。平均误差的优点是计算方便,但有着把质量不高的测量掩盖的缺点。标准误差由于是平方和的开方,故能更加明显地反映数据的分散程度,更好地表达误差,因而在精密计算误差时最为常用。比如,甲、乙两人进行某一实验,甲的两次测量误差为 $+1$ 和 -3 ,乙的为 $+2$ 和 -2 。显然,乙的测量精密度比甲的高,但两人的平均误差都为 2 ,而其标准误差则分别为 $\sqrt{10}$ 和 $\sqrt{8}$,由此可见,标准误差要比平均误差来得优越。

【例Ⅰ-1】 压力的五次测量结果如下所示,试求其精密度。

i	p_i/Pa	$\overline{p}/\text{Pa}$	$p_i-\overline{p}$	$|p_i-\overline{p}|$	$(p_i-\overline{p})^2$
1	98 294		-4	4	16
2	98 306		$+8$	8	64
3	98 298	98 298	0	0	0
4	98 301		$+3$	3	9
5	98 291		-7	7	49
Σ	491 490		0	22	138

解: 算术平均值　　　　　　$\overline{p}=\dfrac{1}{5}\sum p_i=98\ 298\ \text{Pa}$

平均误差　　　　　　　　$\overline{d}=\dfrac{1}{5}\sum |p_i-\overline{p}|=4\ \text{Pa}$

相对平均误差　　　　　　$\overline{d}/\overline{p}=4/98\ 298=0.004\%$

标准误差　　　　　　　　$\sigma=\sqrt{\dfrac{1}{5-1}\sum(p_i-\overline{p})^2}=6\ \text{Pa}$

相对标准误差　　　　　　$\sigma/\overline{p}=6/98\ 298=0.006\%$

故上述测量结果的精密度用平均误差表示为 $(98\ 298\pm4)\,\text{Pa}$ 或 $98\ 298\ \text{Pa}(1\pm0.004\%)$,用标准误差则可记为 $(98\ 298\pm6)\text{Pa}$ 或 $98\ 298\ \text{Pa}(1\pm0.006\%)$ 。

4. 可疑测量值的舍弃

由概率论可知,大于 3σ 的误差出现的概率只有 0.3% ,故通常把这一误差称为极限误差,即

$$\sigma_{极限}=3\sigma$$

如果个别测量的误差超过 3σ ,则可认为是由过失误差引起而将其舍弃。实际测量次数不多,概率论已不适用,为此,H. M. Goodwin 提出了一个简单的判断法,即略去可疑值后,计算其余各测量值的平均值和平均误差,然后计算可疑值与平均值之差,若

$$|a_i-\overline{a}|\geqslant4\,\overline{d}$$

则此可疑值可以舍弃,因为这种测量值存在的概率大约只有 0.1% 。

另外,还须注意舍弃的数据个数不能超过数据总数的五分之一。当一数据与另一或更多的数据相同时,也不能舍弃。

【例Ⅰ-2】 质量的五次测量结果(单位为 g)分别为:0.191 4,0.195 3,0.195 7,0.194 7,0.194 3。试问测量值 0.191 4 能否舍弃?

解:略去 0.191 4 后,其余各值的算术平均值 $\bar{a}=0.195\,0$,平均误差 $\bar{d}=0.000\,5$,因 $|0.191\,4-\bar{a}|>4\,\bar{d}$,故测量值 0.191 4 可以舍弃。

可疑值的取舍也可采用 Q 检验法。该法是将测量数据按大小顺序排列,并求出该可疑值与其邻近值之差,然后除以极差(最大值与最小值之差),所得的商称为舍弃商,即 Q 值。

$$Q=\frac{|\text{可疑值}-\text{邻近值}|}{\text{最大值}-\text{最小值}}$$

通过比较计算所得的 Q 值与所要求的置信度条件下 Q 表值(见表Ⅰ-3)的大小,确定可疑值的取舍。判断规则为:若 Q 大于或等于 Q 表值,则可疑值可以舍去,否则应予保留。

表Ⅰ-3 舍弃商 Q 表值

测量次数	3	4	5	6	7	8	9	10
$Q_{0.90}$	0.94	0.76	0.64	0.56	0.51	0.47	0.44	0.41
$Q_{0.95}$	0.98	0.85	0.73	0.64	0.59	0.54	0.51	0.48
$Q_{0.99}$	0.99	0.93	0.82	0.74	0.68	0.63	0.60	0.57

如上例,根据 Q 检验法,在置信度 $P=90\%$ 条件下,

$$Q=\frac{|\text{可疑值}-\text{邻近值}|}{\text{最大值}-\text{最小值}}=\frac{|0.191\,4-0.194\,3|}{0.195\,7-0.191\,4}=0.67>0.64$$

故可疑值 0.191 4 可以舍弃。但若在置信度 $P=95\%$ 条件下,则不能舍去。

(三)有效数字及运算规则

有效数字是指测量中实际所能测量到的所有数字,它包括测量中全部的准确数字和最后一位估计数字。有效数字的位数反映了测量的精确程度,它与测量中所用的仪器有关。如某溶液的体积用量筒测量为 18.3 mL,用滴定管测量则为 18.26 mL,其中前面几位数字都是准确的,最后一位是估计的。显然,后者的精度要高于前者。严格地说,一个数据若未注明不确定范围(即精密度范围),则该数据的含义是不清楚的,一般认为最后一位数字的不确定范围为 $\pm(1\sim3)$,如:一等分析天平的不确定范围为 $\pm0.000\,1$ g,1/10 水银温度计为 ±0.02 K,贝克曼温度计为 ±0.002 K,100 mL 容量瓶为 ±0.1 mL,50 mL 滴定管为 ±0.02 mL 等。

有效数字的记录和运算必须遵循一定的规则:

(1)记录测量数据时一般只保留一位可疑数字,换句话说,误差一般只有一位有效数字,最多两位。

(2)任何一个物理量的数据,其有效数字的最后一位,在位数上应与误差的最后一位划齐。如 1.35 ± 0.01,237.46 ± 0.12,$R=(8.314\,510\pm0.000\,070)\text{J}\cdot\text{K}^{-1}\cdot\text{mol}^{-1}$ 都是正确的,若记成 1.35 ± 0.001 或 1.35 ± 0.1 则意义不明确。

（3）确定有效数字位数时应注意"0"这个符号。如 0.001 5 kg 的有效数字为两位；1.500 g 为四位；1 500 g 则很难说其中的 0 是不是有效数字，故为明确起见，最好用指数来表示，若是四位有效数字，则记成 1.500×10^3。

（4）第一位有效数字为 8 或 9 时，其有效数字位数可计多一位。如 9.12 的有效数字可作四位计。237.46±0.82 因其误差为三位，故是不对的，应记为 237.5±0.8。

（5）在运算中舍去多余的数字时采用四舍五入法（准确地说是"四舍六入逢五尾留双"）。如 2.014 9、2.026 1 取三位有效数字时分别为 2.01、2.03；2.025 5 取三位有效数字时为 2.02，取四位有效数字时为 2.026。

（6）加减运算时，计算结果有效数字末位的位置应与各项中绝对误差最大的那项相同。如 13.75、0.008 4、1.642 三个数相加，绝对误差最大者为 13.75，故 13.75＋0.008 4＋1.642＝13.75＋0.01＋1.64＝15.40。也可先求出得数 15.400 4，再取有效数字，得 15.40。

（7）乘除运算时，计算结果的有效数字位数应与各项中相对误差最大的那项相同。如 1.753、0.019 1、9.1 三个数相乘，相对误差最大者为 9.1，故 1.753×0.019 1×9.1＝1.75×0.019 1×9.1＝0.304。或者先算出得数 0.304 688 93，再取有效数字，得 0.305。

（8）比较复杂的计算，要按先加减后乘除的方法进行，中间各步的有效数字可多保留一位，以免由于多次四舍五入引起误差积累放大，但最终结果仍只保留其应有的位数。如

$$\left[\frac{0.663 \times (78.24 + 5.5)}{881 - 851}\right]^2 = \left[\frac{0.663 \times 83.74}{30}\right]^2 = 3.4$$

（9）对数运算时，所取对数尾数应与真数的有效数字位数相同。如 lg 317.2＝2.5013，ln(7.1×10²⁸)＝66.43，1.652＝lg 44.9。

（10）计算平均值时，若为四个或四个以上数取平均，则平均值的有效数字位数可增加一位。

（11）计算式中的常数如 π、e 及乘子如 $\sqrt{2}$、1/3 和一些取自手册的常数如 N_A、R，其有效数字位数可认为无限制，需要几位就取几位。

（四）误差传递——间接测量结果的误差计算

物理量的测量有两种：直接测量和间接测量。直接得到所求结果的测量称为直接测量。如用天平称量物质的质量，用电位差计测定电池的电动势等。若所求结果是由数个直接测量量以某种函数关系计算而得，则这种测量称为间接测量。如用电导法测定乙酸乙酯皂化反应的速率常数，即是通过测定反应不同时刻溶液的电导率，再由公式计算得到。物理化学实验中的测量大多属于间接测量。在间接测量中，每个直接测量量的准确度都会影响最终结果的准确性。通过计算间接测量结果的误差，可以看出直接测量量的误差对最终结果的影响有多大，从而找出最终结果误差的主要来源，以便合理地选择实验方法、配置实验仪器、控制实验条件，避免过分提高或降低实验的要求，造成浪费和损失。

1. 间接测量结果的平均误差

设间接测量量 u 是直接测量量 x 和 y 的函数：$u＝u(x,y)$，它们的误差分别为 Δu、Δx、Δy。当 Δu、Δx、Δy 和 u、x、y 相比足够小时，可用它们的微分 du、dx、dy 来代替，因

$$\mathrm{d}u=\left(\frac{\partial u}{\partial x}\right)_y \mathrm{d}x+\left(\frac{\partial u}{\partial y}\right)_x \mathrm{d}y$$

故有

$$\Delta u=\left(\frac{\partial u}{\partial x}\right)_y \Delta x+\left(\frac{\partial u}{\partial y}\right)_x \Delta y$$

这些误差的符号有正有负,考虑到最不利的情况下,正、负误差不能对消而引起误差的积累,故取其绝对值,得平均误差为

$$\Delta u=\left|\left(\frac{\partial u}{\partial x}\right)_y \Delta x\right|+\left|\left(\frac{\partial u}{\partial y}\right)_x \Delta y\right|$$

相对平均误差为

$$\frac{\Delta u}{u}=\frac{1}{u(x,y)}\left(\left|\left(\frac{\partial u}{\partial u}\right)_y \Delta x\right|+\left|\left(\frac{\partial u}{\partial y}\right)_x \Delta y\right|\right)$$

部分常见函数的平均误差见表 I-4。

表 I-4　部分常见函数的平均误差和相对平均误差

函数关系	平均误差	相对平均误差
$u=x+y$	$\|\Delta x\|+\|\Delta y\|$	$\dfrac{\|\Delta x\|+\|\Delta y\|}{x+y}$
$u=x-y$	$\|\Delta x\|+\|\Delta y\|$	$\dfrac{\|\Delta x\|+\|\Delta y\|}{x-y}$
$u=xy$	$\|y\Delta x\|+\|x\Delta y\|$	$\left\|\dfrac{\Delta x}{x}\right\|+\left\|\dfrac{\Delta y}{y}\right\|$
$u=\dfrac{x}{y}$	$\dfrac{\|y\Delta x\|+\|x\Delta y\|}{y^2}$	$\left\|\dfrac{\Delta x}{x}\right\|+\left\|\dfrac{\Delta y}{y}\right\|$
$u=x^n$	$nx^{n-1}\Delta x$	$\dfrac{n\Delta x}{x}$
$u=\ln x$	$\dfrac{\Delta x}{x}$	$\dfrac{\Delta x}{x\ln x}$
$u=\sin x$	$\cos x \cdot \Delta x$	$\dfrac{\cos x \cdot \Delta x}{\sin x}$

【例 I-3】　以环己烷为溶剂(A),用凝固点降低法测定溶质萘(B)的摩尔质量,计算公式如下:

$$M_\mathrm{B}=\frac{K_f \cdot m_\mathrm{B}}{\Delta T_f \cdot m_\mathrm{A}}=\frac{K_f \cdot m_\mathrm{B}}{(T_0-T) \cdot m_\mathrm{A}}$$

式中,直接测量量为 m_B、m_A、T_0、T。其中,溶质萘的质量 m_B 用电子天平称取,为 $(0.207\,2 \pm 0.000\,3)\mathrm{g}$;溶剂环己烷用 25 mL 移液管移取,折合质量 m_A 为 $(19.38\pm0.02)\mathrm{g}$;溶剂的凝固点 T_0 和溶液的凝固点 T 均用贝克曼温度计测量,测得凝固点降低值 $\Delta T_f=T_0-T=1.697\,\mathrm{K}$,测量误差 $\Delta(T_0-T)=|\Delta T_0|+|\Delta T|=0.012\,\mathrm{K}$。已知环己烷的凝固点降低常数 $K_f=20.0\,\mathrm{K \cdot kg \cdot mol^{-1}}$,试求间接测量量 M_B 的测量误差。

解:溶质萘的摩尔质量为

$$M_{\mathrm{B}} = \frac{K_f \cdot m_{\mathrm{B}}}{(T_0 - T) \cdot m_{\mathrm{A}}} = \frac{20.0 \times 0.207\,2}{1.697 \times 19.38} = 0.126(\mathrm{kg \cdot mol^{-1}})$$

函数为乘除关系，故其相对平均误差为

$$\frac{\Delta M_{\mathrm{B}}}{M_{\mathrm{B}}} = \frac{\Delta m_{\mathrm{B}}}{m_{\mathrm{B}}} + \frac{\Delta m_{\mathrm{A}}}{m_{\mathrm{A}}} + \frac{\Delta(T_0 - T)}{T_0 - T}$$

$$= \frac{0.000\,3}{0.207\,2} + \frac{0.02}{19.38} + \frac{0.012}{1.697} = 0.001\,4 + 0.001\,0 + 0.007\,1$$

$$= 0.009\,5 = 1.0\%$$

平均误差为

$$\Delta M_{\mathrm{B}} = 0.009\,5 \times 0.126 = 0.001\,2(\mathrm{kg \cdot mol^{-1}})$$

最终结果可表示为

$$M_{\mathrm{B}} = (0.126 \pm 0.001)\mathrm{kg \cdot mol^{-1}} \text{或} M_{\mathrm{B}} = 0.126\,\mathrm{kg \cdot mol^{-1}}(1 \pm 1.0\%)。$$

由上可知，结果的误差主要来自温度差的测量，故应采用精密测温仪器，并切实控制好操作技术条件。实际操作中，有时为了避免出现过冷现象影响读数而加入少量固体溶剂作为晶种，此举虽然改变了溶液的浓度，却反而能获得较好的结果。选用凝固点降低常数大的溶剂来增大温差降低误差，将不失为一种有效的方法。但如果用增加溶质浓度的办法来达此目的，则反而会因不符合计算公式在原理上要求的稀溶液条件而使系统误差变大。若溶剂的称量改用分析天平进行，则并无助于结果精度的提高，相反却造成仪器和时间上不必要的浪费。

【例Ⅰ-4】　液体的摩尔折射度公式为 $R = \frac{n^2 - 1}{n^2 + 2} \times \frac{M}{\rho}$。实验测得苯的折射率 $n = 1.497\,9 \pm 0.000\,3$，密度 $\rho = (0.873\,7 \pm 0.000\,2)\mathrm{g \cdot cm^{-3}}$。已知苯的摩尔质量 $M = 78.08\,\mathrm{g \cdot mol^{-1}}$，试求 R 的测量误差。

解：　$R = \frac{n^2 - 1}{n^2 + 2} \times \frac{M}{\rho} = \frac{1.497\,9^2 - 1}{1.497\,9^2 + 2} \times \frac{78.08}{0.873\,7} = 26.19(\mathrm{cm^3 \cdot mol^{-1}})$

将摩尔折射度公式两边取对数并微分，得

$$\mathrm{d}\ln R = \mathrm{d}\ln(n^2 - 1) - \mathrm{d}\ln(n^2 + 2) - \mathrm{d}\ln\rho$$

整理，得

$$\frac{\mathrm{d}R}{R} = \left(\frac{2n}{n^2 - 1} - \frac{2n}{n^2 + 2}\right)\mathrm{d}n - \frac{\mathrm{d}\rho}{\rho}$$

故有

$$\frac{\Delta R}{R} = \left(\frac{2n}{n^2 - 1} - \frac{2n}{n^2 + 2}\right)\Delta n + \frac{\Delta\rho}{\rho}$$

代入数据，得

$$\frac{\Delta R}{R} = \left(\frac{2 \times 1.497\,9}{1.497\,9^2 - 1} - \frac{2 \times 1.497\,9}{1.497\,9^2 + 2}\right) \times 0.000\,3 + \frac{0.000\,2}{0.873\,7} = 0.000\,74$$

$$\Delta R = 0.000\,74 \times 26.19 = 0.019(\mathrm{cm^3 \cdot mol^{-1}})$$

【例Ⅰ-5】　利用惠斯顿电桥测量电阻时，待测电阻 R_x 可由下式计算：

$$R_x = R_s \frac{l_1}{l_2} = R_s \frac{l - l_2}{l_2}$$

式中，R_s 为已知标准电阻；l_1、l_2 为滑线电阻的两臂长度；l 为滑线电阻的全长（l 为常量）。试问如何测量最为有利？

解：间接测量 R_x 的误差取决于直接测量 l_2 的误差。将上述计算式微分，得

$$dR_x = \left(\frac{\partial R_x}{\partial l_2}\right)dl_2 = \left[\frac{\partial}{\partial l_2}\left(R_s\frac{l-l_2}{l_2}\right)\right]dl_2 = -\frac{R_s l}{l_2^2}dl_2$$

去掉负号，整理，得

$$\frac{dR_x}{R_x} = \frac{l}{(l-l_2)l_2}dl_2$$

因为 l 是常量，所以当 $(l-l_2)l_2$ 为最大时，相对误差为最小。此时，有

$$\frac{d}{dl_2}\left[(l-l_2)l_2\right] = 0$$

即
$$l_2 = l/2$$

因此，测量时电桥的触点最好置于滑线电阻的中间。

【例 I-6】 毛细管升高法测定液体的表面张力时，表面张力 γ 可由下式计算：

$$\gamma = \frac{R\rho g h}{2\cos\theta} = \frac{R\rho g h}{2}（接触角 \theta = 0 时）$$

式中，R 为毛细管半径；ρ 为液体密度；h 为液体在毛细管内上升的高度；g 为重力加速度。设 γ 的相对误差要求在 0.2% 以内，求测量 R、ρ、h、g 各个量时所能允许的最大误差。

解：函数为乘除关系，故有

$$\frac{\Delta\gamma}{\gamma} = \frac{\Delta R}{R} + \frac{\Delta\rho}{\rho} + \frac{\Delta h}{h} + \frac{\Delta g}{g} = 0.002$$

设测量 R、ρ、h、g 时可达到同样的精度，则每个量所允许的最大相对误差为

$$\frac{\Delta R}{R} = \frac{\Delta\rho}{\rho} = \frac{\Delta h}{h} = \frac{\Delta g}{g} = \frac{0.002}{4} = 0.0005$$

通常条件下，$R=0.3\ \text{mm}$，$\rho=1\ \text{g}\cdot\text{cm}^{-3}$，$h=50\ \text{mm}$，$g=980\ \text{cm}\cdot\text{s}^{-2}$

故 $\Delta R=0.0002\ \text{mm}$，$\Delta\rho=0.0005\ \text{g}\cdot\text{cm}^{-3}$，$\Delta h=0.02\ \text{mm}$，$\Delta g=0.5\ \text{cm}\cdot\text{s}^{-2}$

上述精度在测量 ρ 和 g 时是可以达到甚至超过的，但在测量 R 和 h（尤其 R）时实际用一般读数显微镜是无法达到的，因此必须采用其他测量方法。

2. 间接测量结果的标准误差

设函数为 $u=u(x,y\cdots)$，式中 x、$y\cdots$ 的标准误差分别为 σ_x、$\sigma_y\cdots$，则 u 的标准误差为

$$\sigma_u = \left[\left(\frac{\partial u}{\partial x}\right)^2\sigma_x^2 + \left(\frac{\partial u}{\partial y}\right)^2\sigma_y^2 + \cdots\right]^{1/2}$$

证明从略。此式是计算最终结果标准误差的普遍公式。

部分常见函数的标准误差见表 I-5。

表 I-5 部分常见函数的标准误差和相对标准误差

函数关系	标准误差	相对标准误差
$u = x+y$	$\sqrt{\sigma_x^2+\sigma_y^2}$	$\dfrac{1}{x+y}\sqrt{\sigma_x^2+\sigma_y^2}$
$u = x-y$	$\sqrt{\sigma_x^2+\sigma_y^2}$	$\dfrac{1}{x-y}\sqrt{\sigma_x^2+\sigma_y^2}$

（续表）

函数关系	标准误差	相对标准误差
$u=xy$	$\sqrt{(y\sigma_x)^2+(x\sigma_y)^2}$	$\sqrt{\left(\dfrac{\sigma_x}{x}\right)^2+\left(\dfrac{\sigma_y}{y}\right)^2}$
$u=\dfrac{x}{y}$	$\dfrac{x}{y}\sqrt{\left(\dfrac{\sigma_x}{x}\right)^2+\left(\dfrac{\sigma_y}{y}\right)^2}$	$\sqrt{\left(\dfrac{\sigma_x}{x}\right)^2+\left(\dfrac{\sigma_y}{y}\right)^2}$
$u=x^n$	$nx^{n-1}\sigma_x$	$\dfrac{n\sigma_x}{x}$
$u=\ln x$	$\dfrac{\sigma_x}{x}$	$\dfrac{\sigma_x}{x\ln x}$
$u=\sin x$	$\cos x\cdot\sigma_x$	$\dfrac{\cos x\cdot\sigma_x}{\sin x}$

【例Ⅰ-7】　用理想气体状态方程 $T=\dfrac{pV}{nR}$ 测定温度 T 时，直接测量量 p、V、n 的数据及其精密度分别为：$p=(6\,666\pm13)$ Pa，$V=(1\,000.0\pm0.1)$ cm^3，$n=(0.010\,0\pm0.000\,1)$ mol。已知气体常数 $R=8.314\,5$ J·K^{-1}·mol^{-1}，试计算 T 的精密度 σ_T。

解：函数为乘除关系，故

$$\frac{\sigma_T}{T}=\sqrt{\left(\frac{\sigma_P}{P}\right)^2+\left(\frac{\sigma_V}{V}\right)^2+\left(\frac{\sigma_n}{n}\right)^2}$$

$$=\sqrt{\left(\frac{13}{6\,666}\right)^2+\left(\frac{0.1}{1\,000.0}\right)^2+\left(\frac{0.000\,1}{0.010\,0}\right)^2}$$

$$=\sqrt{(3.8+0.01+100)\times10^{-6}}=0.010$$

因

$$T=\frac{pV}{nR}=\frac{6\,666\times1\,000.0\times10^{-6}}{0.010\,0\times8.314\,5}=80.2\,(\text{K})$$

故

$$\sigma_T=80.2\times0.010=0.8\,(\text{K})$$

最终结果可记为：$T=(80.2\pm0.8)$ K 或 $T=80.2$ K$(1\pm1.0\%)$。其最大误差来自于气体的物质的量 n 的测量。

四、数据处理

物理化学实验数据和结果的表示方法主要有三种：列表法、图解法、方程式法。

（一）列表法

列表法就是将实验数据和结果用表格的形式整齐而有规律地表达出来，使全部数据都一目了然，以便于检查和进一步处理。

列表时应注意以下几点：

（1）每一表格都应有简明完备的表名（表名位于表格的上方），必要时还应有编号。

（2）列表法表达实验数据时，最常见的是列出自变量 x 和因变量 y 间的相应数值。排列时，一般按自变量数值依次递增或依次递减的顺序进行。

（3）表中每一行（或列）的栏头都应详细地写上该行（或列）所表示的量的名称、单位和因次。表的每一个单元格中都应是量纲为 1 的一个纯数。

（4）每一行（或列）中数字的排列要整齐，位数和小数点要对齐，有效数字要取准确。

（5）文献中大多采用三线表格式。

例如，蔗糖浓度为 10 % 时，温度和盐酸浓度对蔗糖水解反应速率常数的影响即可如下列表：

表 I-6　　温度和盐酸浓度对蔗糖水解反应速率常数的影响（蔗糖浓度均为 10%）

$c_{HCl}/(mol \cdot dm^{-3})$	$k_{298 K}/(10^{-3} min^{-1})$ 或者 $10^3 k_{298 K}/min^{-1}$	$k_{308 K}/(10^{-3} min^{-1})$	$k_{318 K}/(10^{-3} min^{-1})$
0.050 2	0.416 9	1.738	6.213
0.251 2	2.255	9.355	35.86
0.413 7	4.043	17.00	60.62
0.900 0	11.16	46.76	148.8

（二）图解法

图解法就是将实验数据和结果用图像表达出来。图解法表达实验数据和结果具有许多优点。首先，它能非常清楚直观地显示出实验结果的特点和规律，如极大点、极小点、转折点、周期性、线性关系、数量的变化速率等重要性质。其次，可以利用图形求面积、作切线、进行内插和外推、解经验方程等。

作图的一般步骤和原则为：

（1）坐标纸的选择与横、纵坐标的确定。通常采用直角坐标纸，且一般以自变量为横轴，因变量为纵轴。有时也可选用半对数坐标纸、对数-对数坐标纸。

（2）坐标范围的确定。要恰好能包括全部测量数据或稍有余地，不一定从零开始（外推法作图时横轴则应从零开始）。例如，实验测得如下不同浓度某溶液的蒸气压数据：

表 I-7　　不同浓度的某溶液蒸气压数据

x_B	0.02	0.20	0.30	0.58	0.78	1.00
p/kPa	17.16	18.32	19.29	20.64	21.60	23.00

作图时可取浓度 x_B 为横轴，蒸气压 p 为纵轴，横轴范围为 0~1.00，纵轴范围为 15.00~25.00 kPa。

（3）比例尺的选择。坐标轴比例尺的选择极为重要，因为比例尺的改变将会引起曲线形状的变化，选择不当会使曲线的某些特殊部位如极大、极小、转折点等看不清楚。比例尺选择的基本原则是：要能表示出全部有效数字，以便与测量的准确度相适应（这实际上常常是很难达到的，否则就需要很大的坐标纸）。为此，坐标每一小格应能表示测量值的最末一位可靠或可疑数字，并将测量误差较小的量取较大的比例尺。同时，每小格所对应的数值最好为 1、2、5 或是这些数的 10^n（n 为整数），避免用 3、6、7、9 那样的数，以便于读数和计算。总而言之，就是要尽可能充分利用坐标纸，使全图布局匀称合理。

（4）画坐标轴。在轴旁注明该轴所表示的量的名称（或符号）和单位，并在纵轴左边和横轴下边每隔一定距离写下该处所表示的量的数值(标度)。

(5) 描点。将各实验点用铅笔以×、○、□、△ 等符号在图上标出(符号的大小表示误差的大小)。同一张图上若有多组测量数据时,不同组数据点应用不同的符号表示,以示区别,并在图上注明(图例)。

(6) 连线。用曲线板或曲线尺将各实验点连成均匀光滑的曲线,使曲线尽可能地接近各点(也即使各点与曲线距离的平方和为最小——此即最小二乘法原理),并使各点平均分布于曲线的两侧。通常,曲线不应有不能解释的间隙、自身交叉或其他不正常特性。如理论上已阐明或从各点走向显示是直线关系,则用直尺将各点连成直线。文献中也有将任意相邻两点连成直线最后连成一条折线的做法。

(7) 写图名。在图的下方写上清楚完备的图名(必要时还应有编号)。

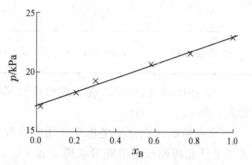

图Ⅰ-3　溶液蒸气压和物质 B 的浓度关系图

除上所述,图上一般不宜再有其他内容,以使图面简洁干净、重点突出。另外,作图时应正确选用绘图工具。铅笔应削尖,以使线条明晰清楚,曲线板(或曲线尺)、直尺应透明,以便全面观察实验点的分布情况,作出合理的线条来。

例如,利用上述溶液蒸气压数据作图,最后可得直线,如图Ⅰ-3所示。

在数据处理中,经常要在曲线某点作切线,常用的作切线的方法有两种:镜像法和平行线法。

① 镜像法。若要在曲线某点 O 作切线,可取一平面镜垂直放在图纸上,使镜边 AB 交曲线于 O 点,然后绕 O 点转动平面镜,直至镜外曲线与镜像中曲线连成光滑的曲线时,沿镜边 AB 作直线即为该点的法线,作此法线的垂线即为该点的切线。如图Ⅰ-4所示。

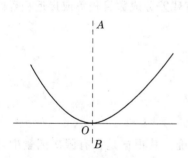

图Ⅰ-4　镜像法作切线示意图

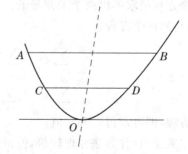

图Ⅰ-5　平行线法作切线示意图

② 平行线法。在选择的曲线段上作两条平行线 AB 和 CD,作两线段中点的连线交曲线于 O 点,过 O 点作 AB 或 CD 的平行线即为 O 点的切线。如图Ⅰ-5所示。

(三) 方程式法

方程式法是将实验中各变量之间的关系用数学经验方程(函数)的形式表达出来。此法不仅表达方式简单、记录方便,而且也便于求微分、积分或内插值,同时它又是理论探讨的线索和根据。

建立经验方程式的基本步骤是：

（1）将实验测定的数据加以整理和校正——列表。

（2）选出自变量和因变量并绘出曲线——图解。

（3）由曲线的形状，根据解析几何的知识，判断曲线的类型。

（4）确定公式的形式，将曲线变换成直线关系（如不能直线化，则可将公式表达成 $y=a+bx+cx^2+\cdots$ 的多项式，多项式项数的多少以结果能表示的精密度在实验误差范围内为准）。常见的线性转换例子如表 I-8。

表 I-8 常见的方程线性转换关系

原方程	$y=ae^{bx}$	$y=ax^b$	$y=\dfrac{1}{a+bx}$	$y=\dfrac{x}{a+bx}$
线性化方程	$\ln y=\ln a+bx$	$\ln y=\ln a+b\ln x$	$\dfrac{1}{y}=a+bx$	$\dfrac{x}{y}=a+bx$

（5）用图解法、计算法确定经验方程式中的常数。假设要确定简单方程 $y=a+bx$ 中的常数 a 和 b。

① 图解法。在直角坐标纸上用实验数据作 $y-x$ 图，得一直线，根据直线的截距和斜率或线上任意两端点的值即可求得 a 和 b。

② 计算法。设实验得到 n 组数据 (x_1,y_1)、(x_2,y_2)、(x_3,y_3)、$\cdots$、(x_n,y_n)。由于测定值各有偏差，若定义第 i 组数据的残差为

$$\delta_i=a+bx_i-y_i \qquad i=1,2,3,\cdots,n$$

即可通过残差处理求得 a 和 b。对残差的处理又有两种方法，即平均法和最小二乘法。

平均法：这是最简单的方法。其原理是基于残差的总和应为零，即

$$\sum_{i=1}^{n}\delta_i=\sum_{i=1}^{n}(a+bx_i-y_i)=0$$

但只有一个方程是求不出两个未知量的。为此，将残差分成数目相等或接近相等的两组，再迭加起来，得到两个方程：

$$\sum_{i=1}^{k}\delta_i=\sum_{i=1}^{k}(a+bx_i-y_i)=0$$

$$\sum_{i=k+1}^{n}\delta_i=\sum_{i=k+1}^{n}(a+bx_i-y_i)=0$$

解此联立方程，即可求得 a 和 b 值。

最小二乘法：这种方法处理较繁，但结果最准确。其根据是在有限次测量中，最佳结果应使其标准误差为最小，也即残差的平方和为最小，即

$$\Delta=\sum_{i=1}^{n}\delta_i^2=\sum_{i=1}^{n}(a+bx_i-y_i)^2=\text{最小}$$

由函数有极值的必要条件可知，此时 $\dfrac{\partial\Delta}{\partial a}$ 和 $\dfrac{\partial\Delta}{\partial b}$ 都必等于零，即

$$\frac{\partial\Delta}{\partial a}=\sum_{i=1}^{n}2(a+bx_i-y_i)=0$$

$$\frac{\partial\Delta}{\partial b}=\sum_{i=1}^{n}2x_i(a+bx_i-y_i)=0$$

解此联立方程，即可求得 a 和 b 值。

【例Ⅰ-8】　实验测得 (x,y) 的八对数据列表如下（见表Ⅰ-9）。假设 x,y 之间为线性关系 $y=a+bx$，试确定其常数 a 和 b。

解：将原始实验数据及其处理结果列入下表：

表Ⅰ-9　原始实验数据及处理结果

序号 i	x_i	y_i	$\delta_i=a+bx_i-y_i$		$x_i(a+bx_i-y_i)$
1	1	3.0	$a+b-3.0$		$a+b-3.0$
2	3	4.0	$a+3b-4.0$		$3(a+3b-4.0)$
3	8	6.0	$a+8b-6.0$	$\Sigma_1=4a+22b-20.0$	$8(a+8b-6.0)$
4	10	7.0	$a+10b-7.0$		$10(a+10b-7.0)$
5	13	8.0	$a+13b-8.0$		$13(a+13b-8.0)$
6	15	9.0	$a+15b-9.0$		$15(a+15b-9.0)$
7	17	10.0	$a+17b-10.0$	$\Sigma_2=4a+65b-38.0$	$17(a+17b-10.0)$
8	20	11.0	$a+20b-11.0$		$20(a+20b-11.0)$
总和 Σ	87	58.0	$8a+87b-58.0$		$87a+1\,257b-762.0$

解法一：平均法

将实验数据平均分成两组，分别计算各组数据残差的代数和并令其等于零，即

$$\Sigma\delta_i=\Sigma(a+bx_i-y_i)=0$$

得
$$\Sigma_1=4a+22b-20.0=0$$
$$\Sigma_2=4a+65b-38.0=0$$

解此联立方程，得 $a=2.70,b=0.419$。故待求经验方程为：$y=2.70+0.419x$。

此法分组不同时，结果也将不同。如以序号 i 之奇、偶来分组，则

得
$$\Sigma_1'=4a+39b-27.0=0$$
$$\Sigma_2'=4a+48b-31.0=0$$

解此联立方程，得 $a=2.42,b=0.444$。故待求经验方程为：$y=2.42+0.444x$。

解法二：最小二乘法

令所有数据残差的平方和为最小（等于零），即

$$\Delta=\Sigma\delta_i^2=\Sigma(a+bx_i-y_i)^2=0$$

也即
$$\frac{\partial\Delta}{\partial a}=\Sigma 2(a+bx_i-y_i)=0$$

$$\frac{\partial\Delta}{\partial b}=\Sigma 2x_i(a+bx_i-y_i)=0$$

得
$$8a+87b-58.0=0$$
$$87a+1\,257b-762.0=0$$

解此联立方程，得 $a=2.66,b=0.422$。故待求经验方程为：$y=2.66+0.422x$。

求出经验方程后，最好选择一、二个数据代入公式，加以核对验证。若相距太远，还可改变方程的形式或增加常数，重新求更准确的方程式。

五、计算机处理实验数据

用计算机处理实验数据和作图的软件很多,一般常用 Office 套装中的电子表格软件 Excel,或者用专业作图软件 Origin。Excel 比较适用于制作统计图,用于制作科技曲线时相对差些。Origin 作图功能强大,但缺乏数据运算能力,需与 Excel 配合才能完成数据处理,并且使用时需要一些技巧。考虑到 Excel 已非常普及,大家也比较熟悉,因此下面着重介绍 Excel 2000 软件在处理物理化学实验数据时的应用。

(一) Excel 基本知识

进入 Excel 软件后,出现一个二维表格,其中列的编号从字母 A 开始,行的编号从数字 1 开始。表格的单元格中可以输入数值、文字、数学表达式等。作为约定,文字格式为左对齐,数值为右对齐,数学表达式显示出计算结果,但格式可以改变。数学表达式一般的复制粘贴结果为表达式,若采用选择性粘贴则可以选择数值或表达式。表格单元内容超长时可能只显示前面部分文字或不正常。

数学表达式(或公式)以"="或"+"、"−"开始(以便与纯文字相区分),可用加、减、乘、除、幂、圆括号等运算符,对应符号分别为 +、−、*、/、∧、( ),亦可用常见的数学函数如自然对数 ln 、常用对数 log 或 log 10(注意:许多软件中 ln 和 log 10 均不能用,只用 log 表示自然对数)、自然指数 exp、三角函数 sin、cos、tan、反三角函数 arc sin、arc cos、arc tan(注意:角度均为弧度。若要得到度,可乘以 180/Pi ( ),其中 Pi( ) 为 π 值函数)、求和函数 sum 和求平均值函数 average 等(可单击粘贴函数图标 $\boxed{f_x}$ 查看)。使用函数时,一定要把数值或表达式用圆括号括起来。例如,计算 5 的自然对数,应输入"=ln(5)"或"+ln(5)"。

数学表达式中可以引用表格单元格地址,即为列号和行号的组合。如 B4 表示第 B 列第 4 行的单元格,AA15 表示第 AA 列第 15 行的单元格。地址中列号或行号前可加符号 $ 表示绝对地址,复制时表达式中的绝对地址单元不变,而相对地址则根据粘贴后的表达式所在的位置的变化而相应地变化。例如 D3 单元格中输入的表达式分别为"=C2"、"=C\$2"、"=\$C2"、"=\$C\$2",然后将 D3 单元复制粘贴到 C5 单元格中,则 C5 单元的内容实际上分别为 B4、B2、C4、C2 单元的内容,原因是粘贴后的表达式所在的地址 C5 与原来的 D3 相比,列的变化为 −1,行的变化为 +2,所以表达式中引用单元格相对地址中的列和行亦作 −1 和 +2 的变化。理解这一点非常重要,这是用于处理实验数据的关键技巧。

若函数中要引用不连续的若干单元,可用逗号隔开。若要引用一矩形连续区域的单元,可用两对角单元地址,中间加冒号隔开。例如输入表达式"=sum(A1:D4,E5,F8)",表示对由单元 A1 到 D4 构成的矩形区域及 E5 和 F8 单元求和。注意:函数嵌套引用容易出错。

(二) 用 Excel 处理实验数据

以"水的饱和蒸气压的测定"实验为例。实验时若用 U 形水银压力计测量系统压力,则需记录气液平衡时压力计两边的高度和平衡温度,另外需记录实验时的室温和大气压。因此,某温度下水的饱和蒸气压可用下列公式计算:

$$饱和蒸气压 = 大气压 − (右汞柱高 − 左汞柱高) + 压力计校正因子$$

其中，压力计校正因子＝蒸气压与大气压相等时的右汞柱高与左汞柱高的差值。

实验数据见图Ⅰ-6。实验记录的室温和大气压分别存放在单元 B1 和 E1 中，实验温度放在 A4：A13 中，左汞柱高和右汞柱高分别放在对应的 B 和 C 列单元中，待计算的绝对温度 T、饱和蒸气压 p、T^{-1}、$\ln(p)$ 分别放入对应的 D、E、F、G 列。假设最后一组实验（第 13 行对应的数据）时水的蒸气压与大气压相同，即系统与大气直接相通，并且将压力校正因子放入 H1 单元中，数据处理可按如下步骤进行：

	A	B	C	D	E	F	G	H
1	室温＝	20	℃	大气压＝	100711	Pa	校正因子＝	0
2	温度t	左汞柱高	右汞柱高	温度T	蒸气压p	T^{-1}	$\ln(p/\text{Pa})$	
3	/℃	/mm	/mm	/K	/Pa	/K^{-1}		
4	75.8	194.0	651.7					
5	79.3	216.0	628.5					
6	81.1	234.3	610.5					
7	84.8	249.3	585.5					
8	87.7	275.8	559.0					
9	89.7	294.3	540.5					
10	91.3	310.8	524.0					
11	93.1	329.8	505.0					
12	94.8	349.8	485.0					
13	99.3	428.0	428.0					

图Ⅰ-6　在 Excel 表格中输入的实验数据

（1）计算校正因子。H1 单元输入表达式"＝C13－B13"。

（2）计算绝对温度。D4 单元输入表达式"＝A4＋273.15"。

（3）计算蒸气压。E4 单元输入"＝＄E＄1－((C4－B4)－＄H＄1)/760＊101 325"。

（4）计算 T^{-1}。F4 单元输入"＝1/D4"。

（5）计算 $\ln(p/\text{Pa})$。G4 单元输入"＝ln(E4)"。

（6）计算其他组实验数据的相关值。用鼠标拖黑（或定义）单元 D4 到 G4 区域；执行复制命令，该区域闪动；然后再拖黑 D5 到 G13 的矩形区域；执行粘贴命令，则闪动区域内的公式被复制到拖黑的区域中，即完成实验数据的处理工作。结果见图Ⅰ-7。

	A	B	C	D	E	F	G	H
1	室温=	20	℃	大气压=	100711	Pa	校正因子=	0
2	温度t	左汞柱高	右汞柱高	温度T	蒸气压p	T^{-1}	$\ln(p/\text{Pa})$	
3	/℃	/mm	/mm	/K	/Pa	/K^{-1}		
4	75.8	194.0	651.7	348.95	39689.4	0.002866	10.5888	
5	79.3	216.0	628.5	352.45	45715.5	0.002837	10.7302	
6	81.1	234.3	610.5	354.25	50555.1	0.002823	10.8308	
7	84.8	249.3	585.5	357.95	55888.0	0.002794	10.9311	
8	87.7	275.8	559.0	360.85	62954.1	0.002771	11.0502	
9	89.7	294.3	540.5	362.85	67887.0	0.002756	11.1256	
10	91.3	310.8	524.0	364.45	72286.7	0.002744	11.1884	
11	93.1	329.8	505.0	366.25	77352.9	0.002730	11.2561	
12	94.8	349.8	485.0	368.00	82685.8	0.002717	11.3228	
13	99.3	428.0	428.0	372.45	100711.0	0.002685	11.5200	

图Ⅰ-7 用 Excel 处理得到的数据

（三）用 Excel 作曲线图

以图Ⅰ-7的数据为例，作 p-T 曲线图的步骤如下：

（1）选择图表类型。单击"图表向导"图标或选择"插入／图表"菜单命令，在出现"图表向导-4 步骤之 1-图表类型"对话框中选择"标准类型"标签，然后在"图表类型"下选"XY散点图"（科技曲线一般选此类型），"子图表类型"选择"散点＋平滑线"。单击"下一步"按钮，出现"图表向导 - 4 步骤之 2 - 图表源数据"对话框。

（2）选择图表源数据。在"图表源数据"对话框中，单击"数据区域"标签，选择系列产生在"列"项按钮（注：一般习惯为"行"）；再单击"系列"标签，单击"添加"按钮，出现"系列 1"项；然后单击"X 值(x)："输入框左边输入区域，输入 X 轴的数据范围"D4:D13"，或者单击"X 值(x)："输入框右边按钮，"图表源数据"对话框变成一行，可用鼠标拖动定义 D4:D13 区域，再单击"图表源数据"对话框中按钮，即完成 X 轴数据的定义。类似地，输入 Y 轴的数据范围"E4:E13"（注意：若执行步骤（1）之前定义了作图数据源，本步骤可省）。单击"下一步"按钮，出现"图表向导-4 步骤之 3-图表选项"对话框。

（3）选择图表选项。单击"标题"输入区，输入"图表标题"为"水的蒸气压与温度的关系"，"数值(X)轴"为"T/K"，"数值(Y)轴"为"p/Pa"；单击"坐标轴"标签，选数值轴；单击"网格线"，不选 X 和 Y 轴的主次网格线；单击"图例"，不选"显示图例"；单击"数据标志"，选"无"。完成后，单击"下一步"按钮，出现"图表向导-4 步骤之 4-图表位置"对话框。

（4）选择图表位置。一般选"作为其中的对象插入"，单击"完成"按钮，曲线图形即出现在表中。

(5) 图形的修改。图形的任何单元作为对象可单击选取,双击进行修改,拖动可移位置。例如,显示的图形比较小,可拖动边框放大到 6~10 cm 大小;图的标题在图的上方,不符合习惯,需拖到图形下方的正中间;图形有阴影,双击阴影区出现"绘图区格式"框,在"图案"标签中"区域"选择"无",则删除阴影;双击坐标轴,可修改坐标轴的格式;双击数据系列点,可修改数据系列的格式;双击图表边框,出现"图表区格式"对话框,单击"图案"标签,选择边框"无",区域"无"。

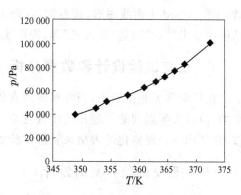

图Ⅰ-8　用 Excel 画出水的蒸气压与温度的关系的曲线图

最后得到的图形见图Ⅰ-8。

(四) 用 Excel 作直线图

以图Ⅰ-7 的数据为例作 $\ln(p/\mathrm{Pa})-1/T$ 直线图,步骤 (1)~(5) 与作曲线的步骤 (1)~(5) 基本相同,不同点在于:

(1) 图表类型。"子图表类型"选择"散点"。

(2) 图表源数据。输入 X 轴的数据范围"F4:F13",Y 轴的数据范围"G4:G13"。

(3) 图表选项。输入"图表标题"为"$\ln(p/\mathrm{Pa})$ 与 $1/T$ 的关系","数值(X)轴"为"$1/T$","数值(Y)轴"为"$\ln(p/\mathrm{Pa})$"。

(4) 图表位置。一般选"作为其中的对象插入"。

(5) 图形的修改。若坐标轴显示的数值不够有效位,可双击坐标轴,缩小字体。

(6) 添加直线。单击"图表 / 添加趋势线"菜单,在出现的"添加趋势线"对话框中单击"类型"标签,选"线性";单击"选项"标签,"趋势线名称"选"自动设置(A):线性",选"显示公式(E)"和"显示 R 平方值(R)"。单击"确定",图形中即出现一条直线和线性关系式及相关系数 R 的平方值。通过双击修改文字内容并拖至合适位置,最后得到符合要求的图Ⅰ-9。由线性关系式可得到直线的斜率和截距,从而作相关的数值计算。

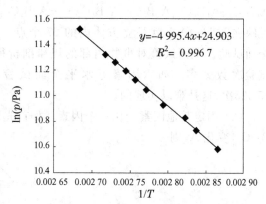

图Ⅰ-9　用 Excel 画出 $\ln(p/\mathrm{Pa})$ 与 $1/T$ 的关系的直线图

(五) 其他问题

(1) 在同一图中作多组曲线时,可在选择"图表源数据"时增加系列,并输入 X、Y 轴数据区域。

(2) 表中的数据改变后,数据点和曲线自动变化。

（3）图形复制粘贴到 Word 后，最好不要选浮在文字上方，否则排版容易出错。实现步骤：单击 Word 中曲线图形，按右键，在弹出的菜单中选择"设置对象格式"命令，在出现的对话框中单击"版式"，选"嵌入式"等，即可实现。

六、正交试验设计和数据分析

在科学和工业试验中，当考察的因素较多时，要全面试验工作量是很大的，甚至是不可能的，而且实际遇到的问题往往比较复杂。正交试验设计就是解决此类复杂问题的较好手段，它是用一套规格化的表格来安排试验的方法。

（一）正交试验方案的设计

【例Ⅰ-9】　为提高某化工产品的质量，现选择三个影响因素进行试验：(A)反应温度，(B)反应时间，(C)用碱量，并确定了它们的试验范围：

A:80～90℃；B:90～150 min；C:5%～7%

为便于叙述，以后凡试验中要考察的条件称为因素，各因素在其试验范围内取的试验点称为该因素的水平。如这里的温度、时间、用碱量都是因素，即三因素。对因素 A，如在试验范围内选了三个试验点 80℃、85℃、90℃，它们都叫做 A 的水平，即 A 取了三个水平。

如果在这个试验中，各因素都取如下三个水平：

$$A:A_1=80℃；A_2=85℃；A_3=90℃$$
$$B:B_1=90\ min；B_2=120\ min；B_3=150\ min$$
$$C:C_1=5\%；C_2=6\%；C_3=7\%$$

那么，怎样制订这个试验方案呢？通常有两种方法：

（1）让各个因素的所有水平之间都要相遇，即 $A_1B_1C_1$、$A_1B_1C_2$、$A_1B_1C_3$、$A_1B_2C_1$、$A_1B_2C_2$……$A_3B_3C_3$，共 27 次试验，反映在图Ⅰ-10 上就是立方体内的 27 个点。这种试验称为全面试验。全面试验对事物内部的规律剖析得比较清楚，但试验次数太多。如六因素五水平全面试验，需试验 $5^6=15\ 625$ 次，这是难以实现的。

（2）固定其他因素变化一个因素。如首先固定 B 和 C 于 B_1、C_1，变化 A，则

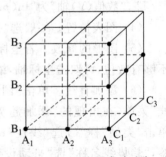

图Ⅰ-10　固定因素试验点

$$B_1C_1\begin{cases}A_1\\A_2\\\boxed{A_3}\end{cases}$$

结果以 A_3 为最好。然后固定 A 和 C 于 A_3、C_1，变化 B，则

$$A_3C_1\begin{cases}B_1\\\boxed{B_2}\\B_3\end{cases}$$

结果以 B_2 为最好。最后固定 A 和 B 于 A_3、B_2，变化 C，则

结果以 C_2 为最好。于是选得较优工艺条件 $A_3B_2C_2$。这种方法也能取得一定的效果，但它有许多缺点，主要是其试验代表性较差。为直观起见，可将其试验点用黑点画在图Ⅰ-10上，可见试验点分布在试验范围内的一个角上，而很大一个范围内没有试验点。因此，这种试验方法是不全面的。

以上两种方法各有其优缺点，能否吸收两者的优点，克服其缺点，设计一种更为合理的试验方案呢？采用正交试验设计来安排试验就是一种行之有效的方法。所谓正交设计就是在保证因素水平均衡搭配的前提下，利用已经制成的正交表从完全方案中选出若干个处理组合以构成部分实施方案，从而减小试验规模，并保持效应综合可比的特点。如上述实例就可以采用表Ⅰ-10所示正交表 $L_9(3^4)$（符号 L 表示正交表，下标 9 表示该正交表有 9 行，即 9 次试验，数字 3 表示每个因素都取 3 个水平，指数 4 表示该正交表有 4 列，即最多可排 4 个因素）来安排试验。具体步骤如下：

① 将三个因素（A－温度、B－时间、C－用碱量）放到 $L_9(3^4)$ 表的任意三列的表头上，比如放在前三列。

② 将 A、B、C 对应三列的水平代号"1"、"2"、"3"翻译成具体的水平（如表Ⅰ-11所示），这样试验方案就制订好了。

表Ⅰ-10　$L_9(3^4)$ 正交表

列号 试验号	1	2	3	4
1	1	1	1	1
2	1	2	2	2
3	1	3	3	3
4	2	1	2	3
5	2	2	3	1
6	2	3	1	2
7	3	1	3	2
8	3	2	1	3
9	3	3	2	1

表Ⅰ-11　试验方案

试验号	A	B	C	空列
1	1(80℃)	1(90 min)	1(5%)	1
2	1(80℃)	2(120 min)	2(6%)	2
3	1(80℃)	3(150 min)	3(7%)	3
4	2(85℃)	1(90 min)	2(6%)	3
5	2(85℃)	2(120 min)	3(7%)	1
6	2(85℃)	3(150 min)	1(5%)	2
7	3(90℃)	1(90 min)	3(7%)	2
8	3(90℃)	2(120 min)	1(5%)	3
9	3(90℃)	3(150 min)	2(6%)	1

如此安排的 9 次试验，反映在立方体内就是图Ⅰ-11中的 9 个点，这 9 个点在立方体内分布很均匀，基本上反映了 27 个点的情况。因此，用正交试验设计，通过 9 次试验，可以选出全面试验的 27 个点中最好的一点。

正交试验设计的思想与固定其他因素变化一个因素的设计思想有很大的不同，它不是静止地来比较某个因素，而是在其他因素都在变动的情况下来比较，各因素的变化处于完全平等的状态。这种比较的思想就是综合比较的思想。

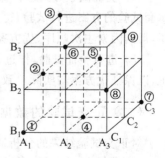

图Ⅰ-11　正交设计试验点

1. 正交表的类型和性质

正交表是一种特殊的表格，它是正交设计中安排试验和分析结果的基本工具，分为等水平正交表和混合水平正交表两类，前者各因素的水平数都相同，后者各因素的水平数不完全相同。

正交表具有下列基本性质：

（1）正交性。表现在：① 任一列中各水平出现的次数均等；② 任意两列的同行水平对为一"完全对"，且每种水平对出现的次数相同。由正交表的正交性可以看出：正交表各列、各行、同一列各水平之间地位平等，可以相互置换，分别称为列置换、行置换、水平置换，统称正交表的三种初等变换。经此三种变换得到的正交表称为原正交表的等价表。

（2）代表性。① 正交表中包含了所有因素的所有水平，且相互配合，使得任意两个因素的所有水平及其组合信息无一遗漏，因此，尽管用正交表安排的是部分试验方案，但却能了解到全面试验的情况，在这个意义上说，正交试验可以代表全面试验；② 由于正交表的正交性，正交试验的试验点必均衡分布在全面试验之中，因此，由部分试验得到的最优条件与全面试验得到的最优条件应相一致。

（3）综合可比性。由于正交表的正交性，使得任意因素的不同水平具有相同的试验条件，这就保证了在每列因素的各个水平的效应中，最大限度地排除了其他因素的干扰，从而可以综合比较该因素不同水平对试验指标值的影响。这种特性即综合可比性。

2. 正交试验设计的基本步骤

正交试验设计总的来说包括两部分：一是试验设计；二是数据分析。基本步骤如下：

（1）明确试验目的，确定评价指标。任何一个正交试验都应有明确的目的，这是正交试验设计的基础。产品的产率、产量、纯度等指标常用来衡量或考核试验结果的好坏。

（2）确定因素和水平。影响试验指标的因素很多，其选择首先要根据专业知识和以往研究经验，尽可能考虑全面。然后根据试验条件和要求，选出主要因素，略去次要因素，尽量少选因素。在确定因素的水平时，尽可能使因素的水平数相等，以方便试验数据分析。最后列出因素水平表。

在实际工作中，应根据专业知识和有关资料，尽可能把水平设置在最佳区域或附近。如果经验或资料不足，不能保证因素水平在最佳区域附近，就要把水平尽量拉开，使最佳区域落在拉开的区间内。然后通过1~2套试验，逐步缩小水平范围，以便找出最佳区域。

（3）选择正交表。根据因素数和水平数选择适当的正交表。一般要求因素数不大于正交表列数，因素水平数与正交表对应的水平数一致。尽可能选择较小的表。

（4）明确试验方案进行试验，对试验结果进行统计分析。根据正交表和表头设计确定每套试验的方案进行试验，得到以试验指标形式表示的试验结果。然后对试验结果进行分析，得到因素主次顺序、优方案等有用信息。

（5）进行验证试验，作进一步分析。优方案是通过统计分析得到的，还需要进行试验验证，以保证优方案与实际一致，否则需进行新的正交试验。

（二）正交试验的数据分析

对正交试验结果的分析通常有两种方法：一种是极差分析法；另一种是方差分析法。下面主要介绍极差分析法。极差分析法又称直观分析法，简称 R 法，它具有计算简便、直观形象、简单易懂等优点，是正交试验常用的分析方法。根据试验指标的个数，正交试验数据分为单指标数据分析和多指标数据分析两类。举例说明如下：

1. 单指标试验设计及数据分析

【例Ⅰ－10】　以合成某化合物的产率为试验指标。该化合物的合成主要影响因素为反应温度、时间和催化剂，为提高产率，现对其合成工艺进行优化。根据前期试验，确定各因素的水平如下（假设因素间无交互作用）：

水平	（A）温度/℃	（B）时间/h	（C）催化剂种类
1	100	3	甲
2	80	1	乙
3	60	5	丙

注意：为避免人为因素导致的系统误差，因素的各水平最好不要简单地完全按其数值大小顺序排列，而应按"随机"的方法（比如抽签）确定。

解：本题试验的指标为单指标产率，因素和水平已知，故可从正交表的选取开始进行试验设计和数据分析。

① 选正交表。本题是一个 3 水平试验，应选 $L_n(3^m)$ 型正交表，又因有 3 个因素，且不考虑因素间的交互作用，故应选 $m \geq 3$ 的表。满足条件的最小的表为 $L_9(3^4)$。

② 表头设计。本题不考虑因素间的交互作用，只需将各因素分别随机安排在正交表不同的列上即可。不放置因素或交互作用的列称为空白列（简称空列），也称误差列。一般最好留至少一个空列。

③ 明确试验方案。完成表头设计后，只需将表中各列上的数字 1，2，3 分别看成是该列因素在各个试验中的水平数，则表中每一行就对应着一个试验方案，即各因素的水平组合（空白列对试验方案没有影响）。如表Ⅰ－12 中的 5 号试验，试验方案为 $A_2B_3C_1$，即温度80℃、时间 5 h、催化剂甲。

表Ⅰ－12　【例Ⅰ－10】试验方案及结果分析

试验号	A（温度）	空列	B（时间）	C（催化剂）	产率
1	1	1	1	1	0.50
2	1	2	2	2	0.75
3	1	3	3	3	0.54
4	2	1	2	3	0.91
5	2	2	3	1	0.88
6	2	3	1	2	0.85
7	3	1	3	2	0.68
8	3	2	1	3	0.60
9	3	3	2	1	0.64
K_1	1.79	2.09	1.95	2.02	
K_2	2.64	2.23	2.30	2.28	
K_3	1.92	2.03	2.10	2.05	

（续表）

试验号	A（温度）	空列	B（时间）	C（催化剂）	产率
k_1	0.597	0.697	0.650	0.673	
k_2	0.880	0.743	0.767	0.760	
k_3	0.640	0.677	0.700	0.683	
极差 R	0.85	0.20	0.35	0.26	
因素主次			ABC		
优方案			$A_2B_2C_2$		

④ 严格按照表中方案完成每一号试验，得出试验结果，填写在表的最后一列中，见表 Ⅰ-12。

⑤ 计算极差，确定因素的主次顺序。表中 K_i 为任一列中水平号为 i 时所对应的试验结果之和（如 B 因素列 K_3 即该因素在水平号为 3 时的试验结果之和 $0.54+0.88+0.68=2.10$），k_i 为 K_i 除以列中 i 水平出现的次数，即任一列中水平号为 i 时所得试验结果的算术平均值，R 为任一列中 K（或 k）之最大值与最小值之差，即极差。

通常各列的极差是不等的，这说明各因素的水平改变对试验结果的影响是不同的，极差越大，表示该列因素数值在试验范围内的变化对试验结果的影响越大。本例中 $R_A>R_B>R_C$，故各因素主次顺序为：A（温度），B（时间），C（催化剂）。

当计算显示空白列的极差比其他所有因素的极差还要大，说明因素之间可能存在不可忽略的交互作用，或者漏掉了对试验结果有重要影响的其他因素。

⑥ 确定优方案。优方案是指试验范围内各因素较优的水平组合。各因素优水平的确定与试验指标有关，若指标越大越好，则应选指标大的水平，即各列中最大 K（或 k）值对应的水平；若指标越小越好，则选指标小的水平。本例优方案为 $A_2B_2C_2$，即温度 80℃、时间 1 h、催化剂乙。该方案并不包含在表中所做的 9 个试验中，这正体现了正交设计的优越性。

实际确定优方案时，还应区分因素的主次。对主要因素，一定要按有利于指标的要求选取最高的水平；对不重要的因素，由于其水平改变对结果的影响较小，则可根据有利于降低消耗、提高效率等目的来选取其水平。如本例 C（催化剂）因素的重要性排在末尾，故如果催化剂丙比催化剂乙更价廉、易得，则可将优方案中的 C_2 换为 C_3。

⑦ 进行验证试验，作进一步分析。上述优方案是通过理论分析得到的，但它是否真正的优方案还需作进一步验证。首先，将优方案 $A_2B_2C_2$ 与表中最好的第 4 号试验 $A_2B_2C_3$ 作对比试验，若结果更好，即可认为它是真正的优方案，否则第 4 号试验 $A_2B_2C_3$ 就是所需的优方案。若出现后一种情况，一般来说可能是没有考虑交互作用或试验误差较大所引起的，需作进一步研究，可能还有提高试验指标的潜力。

上述优方案是在给定因素和水平条件下得到的，若不限定因素水平，有可能得到更好的试验方案。

2. 多指标试验设计及数据分析

在实际生产和科学试验中，整个试验结果的评判往往有多个指标，且不同指标的重要程度也不一致，各因素对不同指标的影响程度也不相同。下面介绍两种多指标数据分析方法：综合平衡法和综合评分法。

（1）综合平衡法（指标单个分析综合处理法）

该法是先对每一个试验结果单个进行直观分析，得到每个指标的影响因素的主次顺序和最佳水平组合，然后根据相关的专业知识、试验目的和试图解决的实际问题综合分析，得出较优方案。

【例Ⅰ-11】　现代药理学研究表明，红景天具有抗心律失常、调节免疫功能、镇静、抗疲劳、抗缺氧、抗衰老、抗癌等作用。其化学成分中，红景天苷及其苷元酪醇是主要有效成分，也是重要的评价指标。红景天有效成分的提取以醇提法为佳，分别考察浸膏得率、红景天苷和酪醇含量，三个指标均越大越好。根据前期试验研究，决定选取3因素3水平进行如下试验（假设因素间无交互作用），试分析找出较好的提取工艺。

水平	(A)乙醇浓度/%	(B)加醇量/倍	(C)提取时间/h
1	90	7	1
2	70	6	2
3	80	8	3

解： 选用 $L_9(3^4)$ 正交表进行试验筛选，表头设计、试验方案和结果见表Ⅰ-13。

表Ⅰ-13　【例Ⅰ-11】试验方案及结果分析

		试验号	A(乙醇浓度)	B(加醇量)	空列	C(提取时间)	浸膏得率/%	红景天苷含量/%	苷元酪醇含量/%
		1	1	1	1	1	6.2	5.1	2.1
		2	1	2	2	2	7.4	6.3	2.5
		3	1	3	3	3	7.8	7.2	2.6
		4	2	1	2	3	8.0	6.9	2.4
		5	2	2	3	1	7.0	6.4	2.5
		6	2	3	1	2	8.2	6.9	2.5
		7	3	1	3	2	7.4	7.3	2.8
		8	3	2	1	3	8.2	8.0	3.1
		9	3	3	2	1	6.6	7.0	2.2
浸膏得率/%	K_1		21.4	21.6	22.6	19.8			
	K_2		23.2	22.6	22.0	23.0			
	K_3		22.2	22.6	22.2	24.0			
	k_1		7.13	7.20	7.53	6.60			
	k_2		7.73	7.53	7.33	7.67			
	k_3		7.40	7.53	7.40	8.00			
	极差 R		1.8	1.0	0.6	4.2			
	因素主次		CAB						
	优方案		$C_3A_2B_{2(3)}$						

（续表）

试验号		A(乙醇浓度)	B(加醇量)	空列	C(提取时间)	浸膏得率/%	红景天苷含量/%	苷元酪醇含量/%
红景天苷含量/%	K_1	18.6	19.3	20.0	18.5			
	K_2	20.2	20.7	20.2	20.5			
	K_3	22.3	21.1	20.9	22.1			
	k_1	6.20	6.43	6.67	6.17			
	k_2	6.73	6.90	6.73	6.83			
	k_3	7.43	7.03	6.97	7.37			
	极差 R	3.7	1.8	0.7	3.6			
	因素主次	ACB						
	优方案	$A_3 C_3 B_3$						
苷元酪醇含量/%	K_1	7.2	7.3	7.7	6.8			
	K_2	7.4	8.1	7.1	7.8			
	K_3	8.1	7.3	7.9	8.1			
	k_1	2.40	2.43	2.57	2.27			
	k_2	2.47	2.70	2.37	2.60			
	k_3	2.70	2.43	2.63	2.70			
	极差 R	0.9	0.8	0.8	1.3			
	因素主次	CAB						
	优方案	$C_3 A_3 B_2$						

与单指标数据分析方法相同，先对各指标分别进行分析，得出各指标的主次因素和优方案列于表中。可见，对不同的指标而言，不同因素的影响程度和优方案都是不同的，通过综合平衡法可得到综合的优方案。具体平衡过程如下：

因素 A：对后两个指标都是取 A_3 好，而且对红景天苷含量，A 是最主要因素，在确定优水平时应重点考虑；对浸膏得率则是取 A_2 好，但此时 A 为较次要因素。故根据多数倾向和 A 因素对不同指标的重要程度，选取 A_3。

因素 B：对三个指标，B 都是处于末位的次要因素，其所取水平对三个指标的影响都比较小，此时可本着节约降耗的原则，选取 B_2，以减少溶剂消耗。

因素 C：对三个指标，都是以 C_3 为最佳水平，故取 C_3。

综上所述，优方案为 $C_3 A_3 B_2$，即提取时间 3 h，乙醇浓度 80％，加醇量 6 倍。

在使用综合平衡法分析数据时要依据以下四条原则：① 当某因素对某指标是主要因素，而对其他指标则是次要因素，在确定该因素的优水平时，就应选取作为主要因素时的优水平；② 若某因素对各指标的影响程度相差不大，可按"少数服从多数"原则，选取出现次数较多的优水平；③ 当因素各水平相差不大时，可依节约降耗、提高效率原则选取合适水平；④ 若各指标的重要程度不同，则在确定因素优水平时应首先满足相对重要的指标。具体运用时需综合分析考虑才可得出结论。

综合平衡法要对每一个指标单独进行分析，工作量较大，有时往往难于综合平衡，甚至得不到正确结果，必须结合专业知识和经验才能得出符合实际的优方案。

（2）综合评分法

该法是对各指标一一进行测试后，根据具体情况依各指标的重要程度确定评分标准，对这些指标进行综合评分，将多指标综合转化为单指标，然后进行分析，得出结论。具体综合评分方法又有下面几种：

① 排队综合评分法：先对每号试验的每个指标按一定的评分标准评出分数，若各指标的重要性相同，可将各指标的分数之和作为该号试验的总分数。排队综合评分法应用较广，不仅用于多指标试验，也可用于某些定性的单指标试验。如产品的外观、色、香、味等特性，只能通过手摸、眼看、鼻嗅、耳闻、口尝等来评定，这些定性指标的定量化，往往也可利用该法处理。

② 公式综合评分法：对每号试验的各个指标统一权衡，综合评价，直接给出每号试验的综合分数。

③ 加权综合评分法：先对每号试验的每个指标按一定的评分标准评出分数，若各指标的重要性不同，需先确定各指标的权重，然后求加权和作为该号试验的总分数。

综合评分法最关键的是如何对每个指标评出合理的分数。如果指标是定性的，则可依经验和专业知识直接给出一个分数，使定性指标转化为定量指标；对于定量指标，有时指标本身就可作为分数，如回收率、纯度等；对指标值本身不能作为分数的指标，可用"隶属度"来表示分数：

$$指标隶属度＝\frac{指标值－指标最小值}{指标最大值－指标最小值}$$

可见，指标最大值的隶属度为1，指标最小值的隶属度为0，即 $0 \leqslant$ 指标隶属度 $\leqslant 1$。如各指标的重要性相同，即可直接将各指标的隶属度之和作为综合分数，否则需求加权和作为综合分数。

【例 Ⅰ-12】　玉米淀粉改性制备高取代度的三乙酸淀粉酯的试验中，需考察两个指标，即取代度和酯化率，这两个指标都是越大越好。试验的因素水平如下，不考虑因素间的交互作用，试找出使取代度和酯化率都高的试验方案。

水平	（A）反应时间/h	（B）吡啶用量/g	（C）乙酸酐用量/g
1	3	150	100
2	4	90	70
3	5	120	130

解：选用 $L_9(3^4)$ 正交表进行试验筛选，表头设计、试验方案和结果见表 Ⅰ-14。

先将取代度和酯化率这两个指标都转换成它们的隶属度，用隶属度表示分数。又两指标的重要性不相同，根据实际情况，取代度和酯化率的权重分别取 0.4 和 0.6，于是每号试验的综合分数＝取代度隶属度×0.4＋酯化率隶属度×0.6，满分为 1.00。结果列于表中。可见，优方案为 $C_1A_3B_1$，该方案不在表中的 9 个试验中，应做进一步试验验证。

表Ⅰ-14 【例Ⅰ-12】试验方案及结果分析

试验号	A	B	空列	C	取代数	酯化率	取代度隶属度	酯化率隶属度	综合分
1	1	1	1	1	2.96	0.657 0	1.00	1.00	1.00
2	1	2	2	2	2.18	0.403 6	0	0	0
3	1	3	3	3	2.45	0.543 1	0.35	0.55	0.47
4	2	1	2	3	2.70	0.410 9	0.67	0.03	0.29
5	2	2	3	1	2.49	0.562 9	0.40	0.63	0.54
6	2	3	1	2	2.41	0.432 3	0.29	0.11	0.18
7	3	1	3	2	2.71	0.414 3	0.68	0.04	0.30
8	3	2	1	3	2.42	0.562 9	0.31	0.63	0.50
9	3	3	2	1	2.83	0.601 4	0.83	0.78	0.80
K_1	1.47	1.59	1.68	2.34					
K_2	1.01	1.04	1.09	0.48					
K_3	1.60	1.45	1.31	1.26					
极差 R	0.59	0.55	0.59	1.86					
因素主次		CAB							
优方案		$C_1 A_3 B_1$							

综合评分法是将多指标的问题,通过适当的评分方法,转换成单指标的问题,使结果的分析计算变得简单方便。其结论的可靠性主要取决于评分的合理性,如果评分标准、评分方法、指标权重不恰当,所得结论就不能反映全面情况。因此,如何确定合理的评分标准和各指标的权重,是综合评分的关键,其解决有赖于研究者的专业知识、经验和实际试验本身的要求。

3. 有交互作用的正交试验设计及数据分析

在许多试验中,不仅要考虑各个因素对试验指标的影响,还要考虑因素间的交互作用的影响。先介绍如何判别因素间是否存在交互作用。

设有两因素 A 和 B,它们各取两个水平 A_1、A_2 和 B_1、B_2,则 A、B 共有四种水平组合,若在每种组合下各做一次试验,结果如表Ⅰ-15 所示。

表Ⅰ-15 判别交互作用试验数据表

(a)			(b)		
因素	A_1	A_2	因素	A_1	A_2
B_1	10	20	B_1	10	20
B_2	30	15	B_2	20	30

在表Ⅰ-15(a)中,当 $B=B_1$ 时,A 由 A_1 变到 A_2,试验指标由 10 变到 20,增加 10;当 $B=B_2$ 时,A 由 A_1 变到 A_2,试验指标由 30 变到 15,减少 15。可见,因素 A 由 A_1 变到 A_2

时,试验指标变化趋势相反,与 B 取何水平有关。此时,可认为 A 与 B 之间有交互作用。

在表Ⅰ-15(b)中,当 B＝B_1 时,A 由 A_1 变到 A_2,试验指标由 10 变到 20,增加 10;当 B＝B_2 时,A 由 A_1 变到 A_2,试验指标由 20 变到 30,增加 10。可见,因素 A 由 A_1 变到 A_2 时,试验指标变化趋势相同,与 B 取何水平无关。此时,可认为 A 与 B 之间无交互作用。

【例Ⅰ-13】 用石墨炉原子吸收分光光度法测定食品中的铅。为增大吸光度以提高灵敏度,对 A(灰化温度/℃)、B(原子化温度/℃)和 C(灯电流/mA)三个因素进行考察,并考虑交互作用 A×B、A×C,各因素水平如下,试用正交试验找出最优水平组合。

水平	(A)灰化温度/℃	(B)原子化温度/℃	(C)灯电流/mA
1	300	1 800	8
2	700	2 400	10

解: ① 选表。在有交互作用存在时,应将交互作用看作因素,故本例应按5因素2水平来选正交表,满足此条件的最小正交表为 $L_8(2^7)$。

② 表头设计。因交互作用被看作因素,故在正交表中应占有相应的列,称为交互作用列。但交互作用列不能随意安排,一般可通过两种方法确定。

第一种方法是查所选正交表对应的交互作用表。如表Ⅰ-16就是正交表 $L_8(2^7)$ 对应的交互作用表。表中有两种列号,带括号的表示因素所在的列号,不带括号的表示交互作用的列号。据此可查得 $L_8(2^7)$ 表中任意两列的交互作用列。如要查第 2 列和第 4 列的交互作用列,先在表对角线上找到列号(2)和(4),然后从(2)向右横看,从(4)向上竖看,交点数字6即为它们的交互作用列。故如果将因素 A、B 分别放在 $L_8(2^7)$ 表的第 2 列和第 4 列,则 A×B 就应放在第 6 列。

表Ⅰ-16　$L_8(2^7)$二列间的交互作用

列号（ ）	列　号						
	1	2	3	4	5	6	7
(1)	(1)	3	2	5	4	7	6
(2)		(2)	1	6	7	4	5
(3)			(3)	7	6	5	4
(4)				(4)	1	2	3
(5)					(5)	3	2
(6)						(6)	1
(7)							(7)

第二种方法是直接查对应正交表的表头设计表。如表Ⅰ-17就是正交表 $L_8(2^7)$ 对应的表头设计表,使用起来更为方便。据此,可将因素 A、B、C 分别放在第 1、2、4 列,而交互作用 A×B、A×C 分别放在第 3、5 列上。

表 I – 17 $L_8(2^7)$ 表头设计

因素数	列 号						
	1	2	3	4	5	6	7
3	A	B	A×B	C	A×C	B×C	
4	A	B	A×B C×D	C	A×C B×D	B×C A×D	D
4	A	B C×D	A×B	C B×D	A×C	D B×C	A×D
5	A D×E	B C×D	A×B C×E	C B×D	A×C B×E	D A×E B×C	E A×D

③ 明确方案、进行试验、得到结果。表头设计完成后,根据 A、B、C 三个因素所在的列即可确定本例中的 8 个试验方案。交互作用虽有相应的列,但它们和空白列一样,对确定试验方案不起任何作用。试验方案和结果见表 I – 18。

表 I – 18 【例 I – 13】试验方案及结果分析

试验号	A	B	A×B	C	A×C	空列	空列	吸光度
	1	2	3	4	5	6	7	y_i
1	1	1	1	1	1	1	1	0.484
2	1	1	1	2	2	2	2	0.448
3	1	2	2	1	1	2	2	0.532
4	1	2	2	2	2	1	1	0.516
5	2	1	2	1	2	1	2	0.472
6	2	1	2	2	1	2	1	0.480
7	2	2	1	1	2	2	1	0.554
8	2	2	1	2	1	1	2	0.552
K_1	1.980	1.884	2.038	2.042	2.048	2.024	2.034	
K_2	2.058	2.154	2.000	1.996	1.990	2.014	2.004	
极差 R	0.078	0.270	0.038	0.046	0.058	0.010	0.030	
因素主次	B A A×C C A×B							

④ 优方案的确定。如不考虑因素间的交互作用,根据指标越大越好,可得优方案为 $B_2A_2C_1$。但据上表排出的因素主次,可知交互作用 A×C 比因素 C 对试验指标的影响更大,故 C 的水平应按因素 A、C 的各水平搭配好坏来确定。两因素的搭配情况如下:

因 素	A_1	A_2
C_1	$(y_1+y_3)/2=(0.484+0.532)/2=0.508$	$(y_5+y_7)/2=(0.472+0.554)/2=0.513$
C_2	$(y_2+y_4)/2=(0.448+0.516)/2=0.482$	$(y_6+y_8)/2=(0.480+0.552)/2=0.516$

比较表中的四个值，0.516 最大，故取 A_2C_2 为好，从而得优方案为 $B_2A_2C_2$，即原子化温度 2 400℃、灰化温度 700℃、灯电流 10 mA。可见，考虑交互作用与不考虑交互作用时的优方案不完全一致，这正反映了交互作用对试验结果的影响。

4．混合水平的正交试验设计及数据分析

实际工作中，由于具体情况不同，有时各因素的水平数是不相同的，这就是混合水平的多因素试验问题。混合水平的正交设计主要有两种方法：一是直接利用混合水平的正交表；二是采用拟水平法。

（1）直接利用混合水平的正交表

【例Ⅰ-14】　某造板厂进行胶压制造工艺试验以提高胶压板的性能，因素水平如下。胶压板的性能指标采用综合评分法，分数越高越好，忽略因素间的交互作用。试找出较优的工艺条件。

水平	(A)压力/kPa	(B)温度/℃	(C)时间/min
1	810.60	95	9
2	1 013.25	90	12
3	1 114.58		
4	1 215.90		

解：本例有 3 个因素，一个因素有 4 个水平，另两个因素均为 2 水平，选用混合水平正交表 $L_8(4^1 \times 2^4)$。试验方案和结果见表Ⅰ-19。

表Ⅰ-19　【例Ⅰ-14】试验方案及结果分析

试验号	A(压力)	B(温度)	C(时间)	空列	空列	综合评分
1	1	1	1	1	1	2
2	1	2	2	2	2	6
3	2	1	1	2	2	4
4	2	2	2	1	1	5
5	3	1	2	1	2	6
6	3	2	1	2	1	8
7	4	1	2	2	1	9
8	4	2	1	1	2	10
K_1	8	21	24	23	24	
K_2	9	29	26	27	26	
K_3	14					
K_4	19					
k_1	4.0	5.2	6.0	5.8	6.0	
k_2	4.5	7.2	6.5	6.8	6.5	
k_3	7.0					
k_4	9.5					

试验号	A(压力)	B(温度)	C(时间)	空列	空列	综合评分
极差 R	5.5	2.0	0.5	1.0	0.5	
因素主次			ABC			
优方案			$A_4B_2C_2$			

优方案为 $A_4B_2C_2$，但因 C 是处于末位的次要因素，故从经济的角度考虑，优方案也可选为 $A_4B_2C_1$，即压力 1 215.90 kPa、温度 90 ℃、时间 9 min。

这里要注意的是，由于各因素的水平数不完全相同，故在计算 k_i 时也与等水平的正交表有所不同：因素 A 为 4 水平，每个水平出现两次，其 $k_i=K_i/2$；因素 B、C 均为 2 水平，每个水平出现四次，其 $k_i=K_i/4$。在计算极差时，应根据 k_i 而不能根据 K_i 来计算，因为只有根据平均值 k_i 求出的极差才有可比性。

（2）拟水平法

该法是将混合水平问题转换成等水平问题来处理。

【例 Ⅰ-15】 某制药厂为提高某药品的合成率，决定对其缩合工序进行优化，因素水平如下。试找出较优的合成条件。

水平	(A)温度/℃	(B)甲醇钠量/mL	(C)醛状态	(D)缩合剂量/mL
1	35	3	固	0.9
2	25	5	液	1.2
3	45	4	(液)	1.5

解： 本例为 4 因素试验，其中三个因素为 3 水平，一个因素为 2 水平，可套用混合水平正交表 $L_{18}(2^1 \times 3^7)$，需做 18 次试验。假如 C 因素也有 3 水平，则变为 4 因素 3 水平问题，忽略因素间的交互作用时，就可选用等水平正交表 $L_9(3^4)$，只需做 9 次试验。但因素 C 只能取 2 水平，不能不切实际地安排出第 3 个水平。此时可根据实际情况，将 C 因素较好的一个水平（此处为水平 2，即液态）重复一次，使 C 变成 3 水平因素。因第 3 水平是虚拟的，故称为拟水平。C 因素虚拟出一个水平后，即可选用 $L_9(3^4)$ 表来安排试验，试验方案和结果见表 Ⅰ-20。

表 Ⅰ-20 【例 Ⅰ-15】试验方案及结果分析

试验号	A(温度)	B(甲醇钠量)	C(醛状态)	D(缩合剂量)	合成率
1	1	1	1(1)	1	0.692
2	1	2	2(2)	2	0.718
3	1	3	3(2)	3	0.780
4	2	1	2(2)	3	0.741
5	2	2	3(2)	1	0.776
6	2	3	1(1)	2	0.665
7	3	1	3(2)	2	0.692
8	3	2	1(1)	3	0.697
9	3	3	2(2)	1	0.788

（续表）

试验号	A(温度)	B(甲醇钠量)	C(醛状态)	D(缩合剂量)	合成率
K_1	2.190	2.125	2.054	2.256	
K_2	2.182	2.191	4.495	2.075	
K_3	2.177	2.233		2.218	
k_1	0.730	0.708	0.685	0.752	
k_2	0.727	0.730	0.749	0.692	
k_3	0.726	0.744		0.739	
极差 R	0.004	0.036	0.064	0.060	
因素主次			CDBA		
优方案			$C_2D_1B_3A_1$		

优方案为 $C_2D_1B_3A_1$，即醛为液态、缩合剂量 0.9 mL、甲醇钠量 4 mL、温度 35℃。

习　题

1. 指出下列情况属于偶然误差还是系统误差?

（1）视差　　　　　　　　　　　（2）水银温度计毛细管不均匀

（3）量器刻度不准　　　　　　　（4）外界条件波动

（5）反应不完全　　　　　　　　（6）试剂不纯

（7）天平零点偏移　　　　　　　（8）个人习惯性误差

2. 将下列数据舍入到小数点后第三位。

3.14159;　　2.71828;　　8.31451;　　4.510150;

9.64853;　　5.62350;　　9.80665;　　7.691499。

3. 计算下列各值,注意有效数字。

（1）乙醇的摩尔质量 $2 \times 12.011\,15 + 15.999 + 6 \times 1.007\,97 (\text{g} \cdot \text{mol}^{-1})$

（2）$(1.276\,0 \times 4.17) - (0.217\,4 \times 0.101) + 1.7 \times 10^{-2}$

（3）$13.25 \times 0.001\,10 / 9.740$

（4）$0.863 \times (68.27 + 4.5)/(459 - 436)$

4. 判断对错,错的请改正。

（1）某物质的质量为 $(1.380\,6 \pm 0.001)\text{g}$

（2）某高聚物摩尔质量的测定结果为 $(14\,259 \pm 83)\text{g} \cdot \text{mol}^{-1}$

（3）$\lg 314.2 = 2.497$

（4）精密度高,准确度一定好

5. 某物理量的五次重复测量结果分别为:0.502 3,0.501 3,0.504 6,0.501 7,0.502 7。问测量值 0.504 6 能否舍弃?

6. 计算下列测量的平均值和平均偏差。

（1）20.20;20.24;20.25。

(2) $\rho(\text{g} \cdot \text{cm}^{-3})0.878\ 6;0.878\ 7;0.878\ 2$。若 ρ 的真值为 $0.879\ 0\ \text{g} \cdot \text{cm}^{-3}$，则此次测量的绝对误差和相对误差各是多少？

7. 某液体密度的数次测定结果分别为：$1.082,1.079,1.080,1.076(\text{g} \cdot \text{cm}^{-3})$。试求其平均密度、平均误差和标准误差。最终结果应如何表达？

8. 实验测得某电加热器工作时的电流 $I=(7.50 \pm 0.04)\text{A}$，电压 $U=(8.0\pm0.1)\text{V}$。试求此电加热器的功率 $P(P=IU)$ 及其平均误差和相对平均误差。

9. 实验测得某样品的质量和体积的平均结果为 $W=10.287\ \text{g},V=2.319\ \text{cm}^3$，它们的标准误差分别为 $0.008\ \text{g}$ 和 $0.006\ \text{cm}^3$，试求此样品的密度及其标准误差和相对标准误差。

10. 物质的摩尔折射度 R 可按下式计算：

$$R=\frac{n^2-1}{n^2+2}\times\frac{M}{\rho}$$

已知苯的摩尔质量 $M=78.08\ \text{g} \cdot \text{mol}^{-1}$，密度 $\rho=(0.879\pm0.001)\text{g} \cdot \text{cm}^{-3}$，折光率 $n=1.498\pm0.002$，试求苯的摩尔折射度及其标准误差。

11. 在 629 K 测定 HI 的解离度 α 时得到下列数据：

0.1914;0.1953;0.1968;0.1956;0.1937;

0.1949;0.1948;0.1954;0.1947;0.1938。

解离度 α 与解离平衡常数 K 的关系为：$2\text{HI} \Longleftrightarrow \text{H}_2+\text{I}_2$

$$K=\left[\frac{\alpha}{2(1-\alpha)}\right]^2$$

试求 629 K 时 HI 的解离平衡常数 K 及其标准误差。

12. 在不同温度下测得偶氮异丙烷分解反应 $\text{H}_7\text{C}_3\text{NNC}_3\text{H}_7 \Longleftrightarrow \text{C}_6\text{H}_{14}+\text{N}_2$ 的速率常数数据如下：

$1/T$	0.001 776	0.001 808	0.001 842	0.001 876	0.001 912
$-\ln k$	4.865	5.542	6.255	6.908	7.684

试用线性化方法作图验证 k 与 T 间的关系符合阿伦乌斯方程 $k=Ae^{-\frac{E_a}{RT}}$，并求出方程中的常数 A（指前因子）和 E_a（活化能）。

13. 在不同温度下测得氨基甲酸铵分解反应 $\text{NH}_2\text{COONH}_4(\text{s}) \Longleftrightarrow 2\text{NH}_3(\text{g})+\text{CO}_2(\text{g})$ 平衡常数数据如下：

T/K	298	303	308	313	318	323
$-\lg K$	3.638	3.150	2.717	2.294	1.877	1.450

试用最小二乘法求出 $\lg K$ 对 $1/T$ 的函数关系式，并由此求得上述温度范围内的平均摩尔反应焓 $\Delta_r H_m$。

14. 下列数据为七个同系列烷烃的沸点：

烷烃	C_4H_{10}	C_5H_{12}	C_6H_{14}	C_7H_{16}	C_8H_{18}	C_9H_{20}	$\text{C}_{10}\text{H}_{22}$
沸点/℃	0.6	36.2	69.2	94.8	124.6	156.0	174.0

假设同系物摩尔质量 M 和沸点 $T(K)$ 之间符合公式 $T=aM^b$,则

(1) 试分别用图解法、平均法和最小二乘法确定公式中的常数 a 和 b。

(2) 试用 Excel 软件作 T - M 曲线图和 $\ln T$ - $\ln M$ 直线图。

Ⅱ．实验内容

热力学实验部分

实验一　恒温槽的装配和性能测试

一、目的

（1）了解恒温槽的构造及恒温原理，掌握其装配和调试的基本技术。

（2）掌握贝克曼温度计和电接点温度计（也称导电表）的调节及使用方法。

（3）绘制恒温槽的温度-时间灵敏度曲线，计算灵敏度，学会分析恒温槽的性能。

二、基本原理

许多物理化学量如折射率、旋光度、粘度、密度、蒸气压、表面张力、电导、平衡常数、反应速率常数等都与温度有关，要准确测量其数值，必须在恒温下进行。因此，掌握恒温技术非常必要。

恒温控制可分为两类：一类是利用物质的相变点温度来获得恒温，但温度的选择受到很大限制；另一类是利用电子调节系统进行温度控制，此方法控温范围宽，可以任意调节设定温度。实验室常用的恒温槽属于第二类，它是以某种液体为介质的恒温装置，依靠恒温控制器来自动调节其热平衡维持恒温。当槽内温度低于设定值时，恒温控制器就使槽内加热器工作，当温度达到设定值时，它又使加热器停止工作，从而使槽温保持恒定。

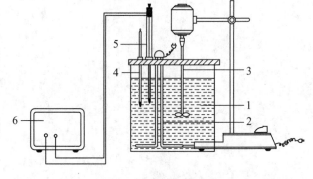

图Ⅱ-1　恒温槽装置图
1—浴槽；2—加热器；3—搅拌器；4—温度计；5—感温元件（电接点温度计）；6—温度控制器（电子继电器）

恒温槽结构如图Ⅱ-1所示，一般是由浴槽、加热器、搅拌器、温度计、感温元件（电接点温度计）、温度控制器（电子继电器）等部分组成，现分别介绍如下：

1. 浴槽

常用玻璃槽，以便观察，其容量和形状视需要而定。物理化学实验一般用 10 L 圆形玻璃缸。槽内液体一般用蒸馏水。恒温温度超过 100℃时可用液体石蜡。

2. 加热器

常用电热器，其功率视恒温槽容量、恒温温度以及与环境的温差大小而定。容量 20 L、恒温 25℃的大型恒温槽一般需 250 W 的加热器。为提高恒温的效率和精度,有时可采用带调压变压器的加热器或采用两套加热器,开始加热时调功率较大,温度接近及达到设定值时调功率较小。

3. 搅拌器

一般用 40 W 的电动搅拌器,用变速器来调节搅拌速度。

4. 温度计

常用 1/10℃温度计作观察温度用。为了准确测定恒温槽的温度波动情况(即灵敏度),另需用贝克曼温度计或 1/100℃温度计,也可用精密电子温差测量仪。

5. 感温元件

它是恒温槽的感觉中枢,是提高恒温槽精度的关键所在,常用电接点温度计或热敏电阻温度计等。电接点温度计(又称导电表)是一支可以导电的特殊温度计,必须和电子继电器、加热器配套使用,其构造如图Ⅱ-2所示。电接点温度计有上下两段刻度,上段为预定刻度,其温度由标铁指示,标铁位置可通过调节顶端调节螺旋设定。标铁下面连接有一根钨丝,钨丝下端所指测温刻度位置与上段标铁预定温度相同。钨丝和水银球均有导线引出,并和电子继电器相连。当温度达到设定温度时,毛细管中水银柱上升与钨丝接触,控温回路接通,加热回路断开,停止加热;当温度低于设定值时,水银柱与钨丝脱离,控温回路断开,加热回路接通,开始加热。如此不断反复,使恒温槽控制在一个微小的温度区间内波动,从而达到恒温的目的。

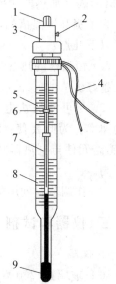

图Ⅱ-2 电接点温度计

1—调节螺旋;2—固定螺丝;3—调节帽;4—引出电线;5—预定刻度;6—标铁;7—钨丝;8—测温刻度;9—水银球

6. 温度控制器

常用电子继电器,利用控温回路电接点温度计的"通"、"断"控制加热回路加热器是否加热。

由于这种温度控制装置属于"通"、"断"类型,当加热器接通后传热使介质温度上升,并传递给电接点温度计使其水银柱上升,而传质、传热都需要一定时间,因此,会出现温度传递的滞后现象。即当电接点温度计的水银触及钨丝时,实际上电热器附近的水温已超过了指定温度,即恒温槽温度必高于指定温度,反之亦然。由此可见,恒温槽的温度不是控制在某一固定不变的温度,而是有一个波动范围,并且恒温槽内各处的温度也会因搅拌效果的优劣而不同。控制温度的波动范围越小,各处的温度越均匀,恒温槽的灵敏度越高。灵敏度是衡量恒温槽性能的主要标志,它除与感温元件、电子继电器有关外,还受搅拌器的效率、加热器的功率等因素的影响。

恒温槽灵敏度的测定是在指定温度下,用较灵敏的温度计如贝克曼温度计或精密电子温差测量仪,记录恒温槽温度随时间的变化,若最高温度为 T_{max},最低温度为 T_{min},则恒温槽的灵敏度 ΔT 为:

$$\Delta T = \pm \frac{T_{max} - T_{min}}{2}$$

灵敏度常以温度为纵坐标,以时间为横坐标,绘制成温度-时间曲线来表示,如图Ⅱ-3所示。

其中,图Ⅱ-3(a)表示灵敏度较高;图Ⅱ-3(b)表示灵敏度较低;图Ⅱ-3(c)表示加热器功率太大;图Ⅱ-3(d)表示加热器功率太小或散热太快。

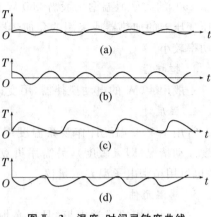

图Ⅱ-3　温度-时间灵敏度曲线

为了提高恒温槽的灵敏度,在设计恒温槽时应注意以下几点:

(1) 恒温槽的热容量要大些,传热质的热容量越大越好。

(2) 尽可能加快电热器与电接点温度计间传热的速率。为此要使:① 感温元件的热容尽可能小,感温元件与电热器间距离要近一些;② 搅拌效率要高。

(3) 作调节温度用的加热器功率要小些。

三、仪器和试剂

1. 仪器

10 L 玻璃缸,250 W 电加热器,40 W 搅拌器,1/10℃温度计,电接点温度计,贝克曼温度计(或精密电子温差测量仪),电子继电器,秒表。

2. 试剂

蒸馏水。

四、操作步骤

1. 恒温槽的装配

将蒸馏水注入玻璃缸至容积的 2/3 处,按图Ⅱ-1 所示依次将电加热器、搅拌器、电接点温度计、电子继电器、温度计等安装好,接好线路。

2. 贝克曼温度计的调节

参阅本书"Ⅲ. 常用仪器"部分相关内容,调节贝克曼温度计,使其在目标温度 25℃水中时水银面位于刻度中间即 2.5℃左右处,并将其固定在恒温槽内。

3. 电接点温度计的调节

松开电接点温度计的固定螺丝,转动调节螺旋,使标铁上端面所指温度在 24℃处(先调在稍低于目标温度处),旋紧固定螺丝。

4. 恒温槽的调试

接通电源,调节搅拌器转速适当,开启电子继电器进行加热(加热指示灯亮)。待加热停止后(加热指示灯灭),调小加热功率,观察 1/10℃温度计读数,按标铁所需移动度数重新调节电接点温度计,使 1/10℃温度计达 25℃时,电接点温度计的钨丝与水银恰好处于接通与断开的临界状态,然后旋紧固定螺丝(注意电接点温度计所示温度只是粗略值,调节温度应以 1/10℃温度计为准)。再次调节加热功率,使每次的加热时间与停止加热时间近乎相等。

5. 25℃时恒温槽灵敏度的测定

待恒温槽恒温 5 min 后,每隔 0.5 min(秒表计时)从贝克曼温度计上读一次温度(相对值,读数前须用带橡皮套的小棒轻敲贝克曼温度计的水银面处,以消除水银在毛细管内的粘滞现象），连续测定 30 min。

6. 恒温槽 35℃ 时灵敏度的测定

同步骤 2～5，调节目标温度为 35℃，测定 35℃ 时恒温槽的灵敏度。然后改变恒温槽中加热器与电接点温度计的相对位置，按同样方法测定恒温槽的灵敏度。

实验结束，先关掉电子继电器、搅拌器的电源开关，再拔下电源插头，拆下各部件连接线，仪器复原，清洁实验台面。

五、数据记录和处理

（1）将实验测到的数据记录于下表中：

恒温温度25℃	t/min									
	$T/℃$									
	t/min									
	$T/℃$									
恒温温度35℃	t/min									
	$T/℃$									
	t/min									
	$T/℃$									
恒温温度35℃（改变位置后）	t/min									
	$T/℃$									
	t/min									
	$T/℃$									

（2）以贝克曼温度计读数温度（相对值）T 为纵坐标，以时间 t 为横坐标，绘制温度-时间曲线，取最高点与最低点温度计算恒温槽的灵敏度。

六、实验要点和注意事项

（1）电加热器功率大小的选择是本实验的关键之一，最佳状态应是每次加热时间与停止加热时间近乎相等，这可由继电器指示灯的亮灭时间来帮助判断。

（2）为避免实验时将恒温槽的温度误调到高于指定的恒温温度，应注意正确调节电接点温度计，即先调至略低于指定温度，再观察恒温槽热滞后的程度，将标铁调至合适的位置。在使用现成超级恒温槽时也是如此，设置恒温温度时，先应略低于所需温度，然后再慢慢升至所需温度，否则会因加热器断电后余热的存在，使恒温槽温度冲高至超过所需温度。

（3）恒温温度不能以电接点温度计或温度控制器的示值（均为粗略值）为依据，也不能以贝克曼温度计的示值（为相对值）为依据，而必须以恒温槽中 1/10℃ 温度计的示值为准。

（4）注意恒温槽装配时各部件的相对位置，注意调节搅拌速度和加热器功率（开始加热时功率大，接近或达到恒温温度时功率小）。

（5）恒温槽用水应使用蒸馏水，以防自来水中杂质对槽体组件的腐蚀损坏。超级恒温槽如久置不用则还应将槽中的蒸馏水放干擦净。

七、思考和讨论

（1）恒温槽的恒温温度能否接近或低于环境室温？

（2）影响恒温槽灵敏度的因素主要有哪些？如何提高灵敏度？

（3）本实验中有三种温度计，即普通水银温度计、电接点温度计和贝克曼温度计，它们分别起什么作用？

（4）贝克曼温度计主要用于什么场合？调节贝克曼温度计所要达到的目的是什么？

附　注

实验报告参考格式：

实验项目名称

实验者：＿＿＿＿＿＿＿　班级学号：＿＿＿＿＿＿＿　合作者：＿＿＿＿＿＿＿

实验日期：＿＿＿＿＿＿＿　室温：＿＿＿＿＿＿＿　气压：＿＿＿＿＿＿＿

一、目的

二、基本原理

三、仪器和试剂

四、操作步骤

五、数据记录和处理

六、思考和讨论

实验二　燃烧热的测定

一、目的

（1）用氧弹量热计测定萘的燃烧热，明确燃烧热的定义，了解恒压燃烧热与恒容燃烧热的差别及相互关系。

（2）了解氧弹量热计的原理、构造和使用方法，掌握燃烧热的测定技术。

（3）学会用雷诺图解法校正温度改变值。

二、基本原理

燃烧热是指 1 mol 物质完全燃烧（即燃烧产物为 $H_2O(l)$、$CO_2(g)$、$SO_2(g)$、$N_2(g)$、$HCl(aq)$等）时所放出的热量。恒容过程的热效应称为恒容热 Q_V，即内能变化 ΔU。恒压过程的热效应称为恒压热 Q_P，即焓变 ΔH。化学反应的热效应（包括燃烧热）通常用恒压热来表示。若参加反应的气体均视为理想气体，并忽略凝聚态物质的体积，则有：

$$Q_P = Q_V + \Delta n \cdot RT \tag{1}$$

式中：Δn 为气态产物和气态反应物物质的量之差；R 为摩尔气体常数；T 为热力学温度。

测量热效应的仪器称为量热计。本实验采用氧弹式量热计（如图Ⅱ-4）测量萘的燃烧热。由于用氧弹式量热计测定物质的燃烧热是在恒容条件下进行的，所以测得的是恒容燃烧热。测量的基本原理是将一定量待测物质样品在氧弹中完全燃烧，燃烧放出的热量使量热计本身及氧弹周围介质（本实验用水）的温度升高。通过测定燃烧前后量热计（包括氧弹周围介质）温度的变化，即可求得该样品的燃烧热。其热量衡算关系如下：

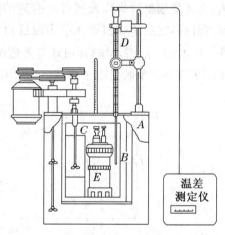

图Ⅱ-4　氧弹量热计示意图
A—恒温夹套；B—挡板；C—水桶；
D—温差测定仪；E—氧弹

$$-\frac{m}{M} \cdot Q_{V,m} - m_{点火丝} \cdot Q_{点火丝} = C \cdot \Delta T \tag{2}$$

式中：m、M、$Q_{V,m}$ 分别为待测物质的质量、摩尔质量、摩尔恒容燃烧热；$m_{点火丝}$ 为点火丝的质量；$Q_{点火丝}$ 为点火丝的燃烧热（如点火丝用铁丝，则 $Q_{点火丝} = -6.694\,kJ \cdot g^{-1}$）；$\Delta T$ 为样品燃烧前后量热计温度的变化值；C 为量热计（包括量热计中的水）的热容（也称水当量），它表示量热计（包括介质）温度每升高 1℃所需要吸收的热量。量热计的热容可以通过已知燃烧热的标准物（本实验用苯甲酸，其恒容燃烧热 $Q_V = -26.460\,kJ \cdot g^{-1}$）来标定。

氧弹是一个特制的不锈钢容器（如图Ⅱ-5）。为了保证样品在其中完全燃烧，氧弹中应充以高压氧气，因此要求氧弹密封、耐高压、抗腐蚀。测定粉末样品时必须将样品压成片状，以免充气时冲散样品或者在燃烧时飞散开来，造成实验误差。本实验成功的关键首先是样品必须完全燃烧，其次是燃烧后放出的热量应尽可能全部传递给量热计本身和其中盛放的水,而几乎不与周围环境发生热交换。为此,量热计在设计制造上采取了几项措施,例如在量热计外面设置一个套壳,此套壳有些是恒温的,有些是绝热的,因此量热计又可分为外壳恒温量热计和绝热量热计两种。本实验采用外壳恒温量热计。另外,量热计壁高度抛光以减少热辐射,量热计和套壳间设置一层扫屏以减少空气对流。但热量的散失仍然无法完全避免,因此燃烧前后温度的变化值不能直接准确测量,而必须经过作图法(本实验用雷诺法)进行校正,方法如下所述。

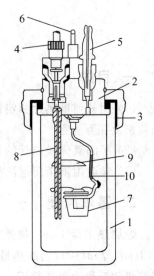

图Ⅱ-5　氧弹的构造
1—厚壁圆筒;2—弹盖;3—螺帽;4—进气孔;5—排气孔;6—电极;7—燃烧皿;8—电极(同时也是进气管);9—火焰遮板;10—电极

　　将燃烧前后所观察到的水温对时间作图,可连成 $FHIDG$ 折线(如图Ⅱ-6和图Ⅱ-7所示),由于量热计和外界环境的热交换,该折线 FH 和 DG 段常会偏离水平。图中 H 点相当于开始燃烧之点,D 点为观察到的最高温度读数点(有时量热计绝热性能良好,热漏很小,而搅拌器的功率较大,不断引进的热量使得曲线并不出现最高温度点,如图Ⅱ-7)。在温度为室温处作平行于时间轴的 JI 线,它交折线 $FHIDG$ 于 I 点,过 I 点作垂直于时间轴的 ab 线。然后将 FH 和 GD 线外延,分别交 ab 线于 A 和 C 点,则 AC 两点间的距离即为 ΔT。图中 AA' 为开始燃烧到温度升至室温这一段时间 Δt_1 内,由环境辐射进来以及搅拌所引进的热量而造成量热计的温度升高,它应予以扣除;CC' 为温度由室温升高到最高点 D 这一段时间 Δt_2 内,量热计向环境散热而造成本身温度的降低,它应予以补偿。因此,AC 较 $A'C'$ 更客观地反映出由于样品燃烧所引起的量热计的温升。

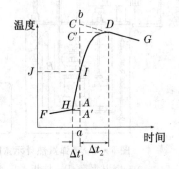

图Ⅱ-6　绝热较差时的雷诺校正图

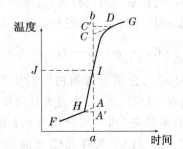

图Ⅱ-7　绝热良好时的雷诺校正图

　　必须注意,应用这种作图法进行校正时,量热计的温度与外界环境的温度相差不宜太大(最好不超过 2～3℃),否则会引入大的误差。

三、仪器和试剂

1. 仪器

氧弹量热计,氧气钢瓶及减压阀,精密温差测定仪(或贝克曼温度计),压片机,电子天平,1 000 mL 容量瓶,点火丝,温度计,万用电表,直尺,剪刀。

2.试剂

苯甲酸,萘。

四、操作步骤

1.量热计热容 C 的测定

(1) 样品压片。压片前,先检查压片用钢模是否干净,否则应进行清洗并干燥。称取约 0.6 g 苯甲酸,用直尺量取长度约 15 cm 的一段点火丝并用分析天平准确称其质量,将其双折后穿入压片机的底板压模并在中间位置打环(如图Ⅱ-8),装入压片机内,倒入预先粗称的苯甲酸标准样,使样品粉末将点火丝环浸埋,将压片机螺杆徐徐旋紧,稍用力使样品压牢(注意用力应均匀适中,压力太大会压断点火丝,且压片太紧不易燃烧,压力太小则样品疏松,易炸裂残失而使燃烧不完全)。抽去模底的托板,继续向下压,使模底和样品压片一起脱落,用称量纸接住,弹去样品压片周围的粉末,准确称取压片质量(含点火丝质量)。

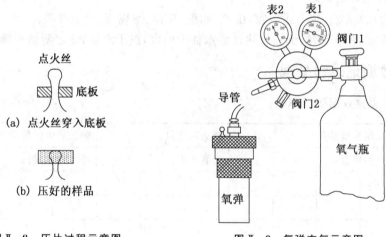

图Ⅱ-8 压片过程示意图   图Ⅱ-9 氧弹充气示意图

(2) 装置氧弹。拧开氧弹盖,将氧弹内壁擦干净,尤其电极下端的不锈钢接线柱更应擦干净,在氧弹内预注 1 mL 水。小心地将样品压片上的点火丝两端分别绑牢于氧弹中两根电极 8 和 10 上(见图Ⅱ-5氧弹剖面图),注意点火丝不要碰壁。旋紧氧弹盖,用万用电表检查两电极是否通路,若通路,则旋紧出气口 5 后即可充氧气。按图Ⅱ-9所示,连接氧气钢瓶和氧气表,并将氧气表头的导管与氧弹的进气管接通,此时减压阀门 2 应逆时针旋松(即关闭)。打开氧气钢瓶上端氧气出口阀门 1(总阀),观察表 1 的指示是否符合要求(至少在 4 MPa),然后缓缓顺时针旋紧减压阀门 2(即渐渐打开),使氧气徐徐进入氧弹内,此时表 2 指针指示值即为充入氧弹内氧气的压力。开始可先充少量氧气(约 0.5 MPa),然后开启出口,以赶出弹内空气,再充入 2 MPa 氧气。充完后,旋松(即关闭)减压阀门 2,关闭阀门 1,再松开导气管。然后旋紧减压阀门 2,以放掉阀门 2 至阀门 1 之间的余气,再旋松阀门 2,使钢瓶和氧气表头复原。

(3) 样品燃烧和温差测量。按图Ⅱ-4所示将氧弹量热计及内筒、搅拌器装配好。用温度计测量量热计恒温水套 A(外套)的实际温度,即环境温度。

取 3 000 mL 以上的自来水,调节并读取水温,使其低于外套水温 1 K 左右,以保证外套水温在燃烧升温曲线的中间位置。

把充好氧气的氧弹放入已事先擦洗干净的内筒 C 中。用容量瓶准确量取 3 000 mL 已调好温度的水,置于内筒 C 中。

检查点火开关是否置于"关"的位置,插上点火电极,盖上绝热胶木板,开启搅拌马达。将温差测定仪探头由内筒 C 上端的测温口插入内筒水中,稳定后置零。

开始每隔半分钟记录一次温差测定仪的读数(报时器每半分钟响一次,响时记录读数),5~10 min 后,插好点火电源,将点火开关置于"开"的位置并立即拨回"关"的位置,使样品燃烧,在几十秒内温差测定仪的读数骤然升高(如 1~2 min 内温差测定仪的读数没有太大的变化,表示样品没有燃烧,这时应仔细检查,请教老师后再进行处理),继续读取读数,直至读数平稳(约 25 个数据)。停止记录,拔掉点火电源。

取出氧弹,打开出气口,缓缓排出废气,再旋开氧弹盖,观察燃烧是否完全(如有黑色残渣,则说明燃烧不完全,需重做实验)。准确称取剩余的点火丝质量,计算实际消耗量。

2. 萘的燃烧热测定

称取约 0.6 g 萘,按上述步骤,压片、称重、装弹、燃烧、测量温差等。

实验结束,洗净氧弹,倒去量热计盛水桶中的水,擦干水迹,使之清洁干燥。

五、数据记录和处理

(1) 将实验数据记于下表:

苯甲酸	样品压片质量:			点火丝质量:			剩余点火丝质量:		
	苯甲酸质量:				夹套水温:			盛水桶水温:	
	t/min								
	$T/℃$								
	t/min								
	$T/℃$								
萘	样品压片质量:			点火丝质量:			剩余点火丝质量:		
	萘质量:				夹套水温:			盛水桶水温:	
	t/min								
	$T/℃$								
	t/min								
	$T/℃$								

(2) 由实验记录的时间和相应的温差仪读数数据分别作苯甲酸和萘的雷诺温度校正图,求出二者燃烧前后的温度差 ΔT。

(3) 查出苯甲酸的恒压燃烧热文献值,求其恒容燃烧热,由(2)式计算量热计的热容 C。

(4) 由(2)式计算萘的恒容燃烧热 $Q_{V,m}$,并求其恒压燃烧热 $Q_{P,m}$。将实验值与文献值进行比较,计算相对误差,分析误差来源。

六、实验要点和注意事项

（1）压片时应将点火丝压入片内，样品紧实度应适中（以用手稍用力即可压碎为宜）。

（2）氧弹充氧的操作过程中，人应站在侧面，以免意外情况下弹盖或阀门向上冲出，发生危险。氧弹充完氧后一定要检查确信其不漏气，并用万用电表检查两极间是否通路。

（3）将氧弹放入量热计前，一定要先检查点火控制键是否位于"关"的位置。点火结束后，应立即将其关上，避免通电点火时间过长而引入误差。

（4）样品能否被通电点火丝"点火"成功并完全燃烧是实验成败的关键。为此，可采取如下措施：① 样品应预先磨细、烘干、恒重处理；② 点火丝与电极的接触电阻应尽可能小，且要避免电极松动和点火丝碰杯短路等问题；③ 保证有充足氧（2 MPa）及氧弹不漏气，使燃烧充分；④ 在氧弹内预加 1 mL 水，使氧弹为水汽饱和，燃烧后气态水易凝结为液态水。但不能加水过多，否则燃烧生成的 CO_2 会在压力下溶入其中，而非所要求的气态了。

（5）氧弹、量热容器、搅拌器等在使用完毕后，应擦去水迹，保持表面清洁干燥，避免腐蚀损害强度。

（6）氧气遇油脂会爆炸，故氧弹、减压器及各连接部件不能有油污，更不能使用润滑油。

七、思考和讨论

（1）本实验中，哪些是系统？哪些是环境？系统和环境间有无热交换？有哪些热交换？这些热交换对实验结果有何影响？如何校正？

（2）本实验中，盛水桶初始水温设定比夹套水温低 1 K 左右，其目的是什么？

（3）何谓量热计的热容（水当量）？其单位是什么？如何测量？

（4）为什么 3 000 mL 水要准确量取且将水倒入盛水桶时不能外溅？

（5）如何利用萘的燃烧热测量数据计算萘的标准摩尔生成焓？

（6）气体钢瓶的颜色表示什么意思？使用气体钢瓶及减压阀时应注意些什么？

附 注

（1）因使用的氧气中常含有少量 N_2，燃烧过程中会产生一些硝酸和其他氮的氧化物，当它们生成和溶入水中时会有热量产生而引起误差，在精确测量时应予扣除，方法如下：实验结束后打开氧弹，用少量蒸馏水分三次洗涤氧弹内壁，收集洗涤液在锥形瓶中，煮沸片刻，以 $0.1\ mol \cdot L^{-1}$ NaOH 溶液滴定。1 mL 的 $0.1\ mol \cdot L^{-1}$ NaOH 滴定液相当于放热 5.98 J（由氮、氧和水生成稀硝酸的摩尔恒容反应热为 $-59.8\ kJ \cdot mol^{-1}$）。

（2）本实验还可用于测量其他固体可燃物如煤、蔗糖、淀粉等以及液体燃料的热值。高沸点液体可直接放在坩埚中测定，低沸点液体可密封于玻泡中，再将玻泡置于小片苯甲酸上使其烧裂后引燃。有的液体也可装于药用胶囊中引燃。计算试样热值时，应将引燃物和胶囊燃烧放出的热扣除（胶囊热值需单独测定）。

（3）本实验还可用于分析物质的结构。如马来酸（顺丁烯二酸）和富马酸（反丁烯二酸）都是丁烯二酸，从结构式可知顺式较不稳定，故其燃烧热应比反式的高。

实验三　溶解热的测定

一、目的

（1）了解电热补偿法测定热效应的基本原理及仪器使用。

（2）测定硝酸钾在水中的积分溶解热，并用作图法求其微分溶解热、微分稀释热和积分稀释热。

（3）初步了解计算机采集处理实验数据、控制化学实验的方法和途径。

二、基本原理

（1）定温定压下物质溶解于溶剂过程的热效应称为溶解热。它有积分溶解热（也称变浓溶解热）和微分溶解热（也称定浓溶解热）两种。前者是 1 mol 溶质溶解在一定量（n_0 mol）溶剂中时所产生的热效应，以 Q_s 表示。后者是 1 mol 溶质溶解在无限量某一定浓度溶液中时所产生的热效应，即 $\left(\dfrac{\partial Q_s}{\partial n}\right)_{T,p,n_0}$。

定温定压下溶剂加到溶液中使之稀释时所产生的热效应称为稀释热。它也有积分稀释热（也称变浓稀释热）和微分稀释热（也称定浓稀释热）两种。前者是把原含 1 mol 溶质和 $n_{0,1}$ mol 溶剂的溶液稀释到含溶剂 $n_{0,2}$ mol 时所产生的热效应，以 Q_d 表示，显然，$Q_d = Q_{s,n_{0,2}} - Q_{s,n_{0,1}}$。后者是 1 mol 溶剂加到无限量某一定浓度溶液中时所产生的热效应，即 $\left(\dfrac{\partial Q_s}{\partial n_0}\right)_{T,p,n}$。

（2）积分溶解热由实验直接测定，其他三种热效应则需通过作图来求：

设纯溶剂、纯溶质的摩尔焓分别为 $H_{m,A}^*$ 和 $H_{m,B}^*$，一定浓度溶液中溶剂和溶质的偏摩尔焓分别为 $H_{m,A}$ 和 $H_{m,B}$，对于由 n_A mol 溶剂和 n_B mol 溶质混合形成的溶液，则

混合前的总焓为：　　　　　　　　$H = n_A H_{m,A}^* + n_B H_{m,B}^*$

混合后的总焓为：　　　　　　　　$H' = n_A H_{m,A} + n_B H_{m,B}$

故此混合过程（即溶解过程）的焓变为：

$$\Delta H = H' - H = n_A(H_{m,A} - H_{m,A}^*) + n_B(H_{m,B} - H_{m,B}^*) = n_A \Delta H_{m,A} + n_B \Delta H_{m,B}$$

根据定义，$\Delta H_{m,A}$ 即为该浓度溶液的微分稀释热，$\Delta H_{m,B}$ 即为该浓度溶液的微分溶解热，积分溶解热则为：

$$Q_s = \frac{\Delta H}{n_B} = \frac{n_A}{n_B}\Delta H_{m,A} + \Delta H_{m,B} = n_0 \Delta H_{m,A} + \Delta H_{m,B} \tag{1}$$

故在 Q_s-n_0 图上，某点切线的斜率即为该浓度溶液的微分稀释热，截距即为该浓度溶液的微分溶解热。如图 II-10 所示，对 A 点处的溶液，其积分溶解热 $Q_s = AF$；微分稀释热为 AD/CD；微分溶解热为 OC；从 $n_{0,1}$ 到 $n_{0,2}$ 的积分稀释热 $Q_d = BG - AF = BE$。

（3）本实验测量硝酸钾在水中的溶解热，溶解过程在保温杯（杜瓦瓶）中进行，系统可视为绝热。因硝酸钾在水中溶解是吸热过程，故系统温度下降，而后通过电加

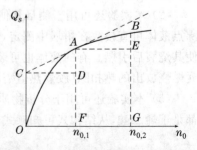

图 II-10　积分溶解热 Q_s-n_0 曲线

热法使系统恢复至起始温度，根据所耗电能求得其溶解热：$Q = IUt = I^2Rt$。此即电热补偿法原理。式中，R 为电热丝电阻，I 为电流强度，U 为施加电压，t 为通电时间。

本实验利用反应热数据采集接口装置，通过计算机实时采集温度、电流、电压、时间等数据，绘制 $Q_s - n_0$ 图，计算给出积分溶解热、微分溶解热、微分稀释热、积分稀释热等结果。

三、仪器和试剂

1. 仪器

量热计(包括杜瓦瓶、电加热器、磁力搅拌器)，反应热数据采集接口装置(南京大学应用物理研究所)，精密稳流电源，计算机，打印机，电子天平，台秤，称量纸，200 mL 烧杯，小毛刷。

2. 试剂

硝酸钾(A. R.)约 25.5 g，蒸馏水 216.2 g。

四、操作步骤

(1) 在台秤上称取 216.2 g(即 12 mol)蒸馏水于杜瓦瓶中。在电子天平上依次称取八份质量分别约为 2.5 g、1.5 g、2.5 g、3.0 g、3.5 g、4.0 g、4.0 g、4.5 g 的硝酸钾(应预先研磨并烘干)，记录准确质量并编号(可先称出前面两份，后面几份边做边称)。

(2) 按照图Ⅱ-11所示正确安装连接实验装置。

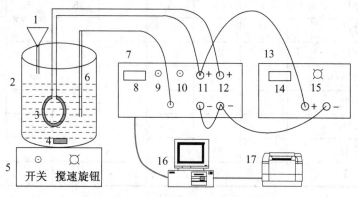

图Ⅱ-11 溶解热测定装置及接线图

1—加样漏斗；2—杜瓦瓶；3—电加热器；4—搅拌子；5—磁力搅拌器；6—温度传感器；7—反应热数据采集接口装置；8—温度/温差显示窗；9—温度/温差切换按钮；10—置零按钮；11—电压输入；12—电流输入；13—精密稳流电源；14—电流显示窗；15—电流调节旋钮；16—计算机；17—打印机

(3) 接通电源。开启数据采集接口装置，电加热器置于盛有适量水的小烧杯中，温度探头擦干置于空气中，预热 3 min。

(4) 开启计算机，运行"sv＊.exe"溶解热程序，点击 继续 → 开始实验 (界面上 参数设定 模块为电压、电流矫正，一般无需进行，如果需要则由教师事先完成)，界面出现一绿色提示框，按其提示进行操作，完成实验。

具体操作步骤为：点击 开始实验 ，温度探头置空气中测室温，待室温稳定后将温差置零

（在数据采集接口装置上先按"切换"按钮，将温度显示切换为温差显示，再按"置零"按钮置零）；完成后点击 继续 → 继续 ，开启稳流电源，调节电流，使加热器功率为 2.25～2.30 W 之间（电脑屏上有显示）；提示"信号已稳定"后，将电加热器连同温度探头一起转移到杜瓦瓶中，开启搅拌器，调好搅拌速度，点击 继续 （电加热器转移后功率可能变化，应及时重新调好）；此时仪器检测系统水温，当水温升至比室温高约 0.5℃ 时，提示"加入第一份样品"（该提示出来后功率即不能再调），及时将第一份样品加入（要确保样品全部加入），此时因硝酸钾溶解吸热而使水温下降，而后当水温慢慢又回升到初始设定温度时，提示"加入第二份样品"，如此一直做完全部八份样品，至提示"实验已完成"；此时关闭稳流电源和搅拌器，点击 退出 → 数据处理 ，输入水和八份样品的质量，点击 以当前数据处理 ，算出结果，点 打印 ，输出结果后，点 退出 。

（5）关闭计算机和数据采集接口装置，关掉电源。观察杜瓦瓶中的硝酸钾是否已全部溶解，小心清洗杜瓦瓶、电加热器和温度探头。仪器登记复原，清洁实验台面。

五、数据记录和处理（本实验数据处理由计算机自动完成）

（1）将实验数据及处理结果记于下表，计算过程如下：

水的质量 $m(H_2O)/g$				加热器功率 IU/W				
样品序号	1	2	3	4	5	6	7	8
样品质量/g								
通电时间/s								
累计质量 $m(KNO_3)/g$								
累计通电时间 t/s								
溶剂溶质摩尔比 n_0								
总溶解热 Q/J								
积分溶解热 $Q_s/(J \cdot mol^{-1})$								

① 计算 $n(H_2O)$。

② 计算每次加入硝酸钾后的累计质量 $m(KNO_3)$ 和累计通电时间 t。

③ 计算每次溶解过程中的热效应 $Q：Q=IUt$。

④ 将 Q 值进行换算，求出当把 1 mol 硝酸钾溶于 n_0 mol 水中时的积分溶解热 Q_s：

$$Q_s = \frac{Q}{n_{KNO_3}} = \frac{IUt}{m_{KNO_3}/M_{KNO_3}} = \frac{101.1IUt}{m_{KNO_3}}$$

$$n_0 = \frac{n_{H_2O}}{n_{KNO_3}}$$

（2）将所得数据列入上表中并作 Q_s-n_0 图，从图中求出 $n_0=80,100,200,300,400$ 处的积分溶解热、微分稀释热、微分溶解热，以及 n_0 从 $80 \rightarrow 100, 100 \rightarrow 200, 200 \rightarrow 300, 300 \rightarrow 400$ 的积分稀释热。

六、实验要点和注意事项

（1）硝酸钾应预先研细（以便溶解时能及时充分溶解），并于 $110℃$ 烘干，保存在干燥器中备用。硝酸钾易吸湿，称量动作要快，放置时要注意防湿。

（2）仪器要先预热，以保证其稳定性。实验过程中要求 IU 即加热功率保持稳定，勿触碰电热丝及导线，更不可将电热丝从其玻璃套管中往外拉，以免功率不稳甚至短路。

（3）加样要及时，要确保样品全部加入，加样时注意不要碰到杜瓦瓶。注意控制加样速度，既要防止样品加入过快而使搅拌子陷住不能正常搅拌，也要防止样品加入太慢而致实验失败。

（4）搅拌速度要适宜，不要太快，以免搅拌子碰损电加热器、温度探头或杜瓦瓶，也避免搅拌发热影响结果。但也不能太慢，以免样品溶解不及时，也避免因水的传热性差而导致 Q_s 值偏低，甚至使 Q_s-n_0 图变形。

（5）量热计（杜瓦瓶）的绝热性能与胶塞上各孔隙的密封程度有关，实验过程中要注意密封，以减少热损失。

（6）实验所用蒸馏水最好事先装在洗瓶中备用，以使其水温和室温接近。

（7）称样时，可先称好前两份硝酸钾样品，后几份样品可边做边称，以节省实验时间。

（8）实验结束后，杜瓦瓶中不应存有硝酸钾的固体，否则需重做实验。

七、思考和讨论

（1）本实验装置能否适用于放热反应的热效应的测定？

（2）本实验装置能否用来测定液体的热容、水化热、生成热及液态有机物的混合热等热效应？

（3）试设计由测定溶解热的方法求 $CaCl_2(s)+6H_2O(l)\!=\!\!=\!\!CaCl_2 \cdot 6H_2O(s)$ 的反应热。

（4）实验开始时，系统设置的初始温度比环境室温约高 $0.5℃$ 的目的是什么？为什么？

（5）硝酸钾的溶解热还可采用什么方法进行测定？

（6）对一定浓度某溶液，单独存不存在积分稀释热？积分稀释热是针对什么而言？

（7）如何根据纯物质的生成热和溶解热数据，计算溶液中进行反应的反应热？

（8）冷饮速食行业的"摇摇冰"和"一拉热"是怎么回事？其科学原理为何？使用时应注意些什么问题？

附　注

（1）盐类的溶解，包含着晶格的破坏（吸热）和离子的溶剂化（放热）两个过程。最终是吸热或放热，需由两热量的相对大小来决定。溶解热与温度和浓度有关。

（2）杜瓦瓶若用双层绝热玻璃瓶代替则效果更佳，可以清楚地观察到瓶中 KNO_3 的溶解情况。

实验四　液体饱和蒸气压的测定

一、目的

（1）用静态法测定不同温度下液体的饱和蒸气压，掌握其实验原理和方法。

（2）了解纯液体的饱和蒸气压与温度的关系及克劳修斯-克拉佩龙（Clausius-Clapeyron）方程式的意义，学会由图解法求液体的平均摩尔气化热和正常沸点。

（3）掌握真空泵、恒温槽及压力计的使用，初步掌握真空实验技术。

二、基本原理

一定温度下，与液体处于平衡状态时蒸气的压力称为该温度下液体的饱和蒸气压，简称蒸气压。定温定压下，蒸发 1 mol 液体所吸收的热量称为该温度该压力下液体的摩尔气化热。

液体的蒸气压随温度而变化，温度升高时，蒸气压增大，这主要与分子的动能有关。当蒸气压等于外界压力时，液体便沸腾，此时的温度称为沸点。外压不同时，液体沸点也不同，外压为 101.325 kPa 时的沸点称为液体的正常沸点。

纯液体的饱和蒸气压与温度的关系可以用克劳修斯-克拉佩龙方程式表示：

$$\frac{\mathrm{d}\ln p}{\mathrm{d}T}=\frac{\Delta_{\mathrm{vap}}H_{\mathrm{m}}}{RT^{2}} \tag{1}$$

式中：R 为摩尔气体常数；T 为热力学温度；$\Delta_{\mathrm{vap}}H_{\mathrm{m}}$ 为在温度 T 时纯液体的摩尔气化热。

假设 $\Delta_{\mathrm{vap}}H_{\mathrm{m}}$ 与温度无关，或因温度范围较小，$\Delta_{\mathrm{vap}}H_{\mathrm{m}}$ 可近似作为常数，积分上式，得：

$$\ln p=-\frac{\Delta_{\mathrm{vap}}H_{\mathrm{m}}}{RT}+C \tag{2}$$

其中 C 为积分常数。由此可见，以 $\ln p$ 对 $1/T$ 作图，应为一直线，由斜率可求算液体的 $\Delta_{\mathrm{vap}}H_{\mathrm{m}}$。

测定液体饱和蒸气压的方法很多，常用的有静态法和动态法两种。动态法是在不同外压下测定液体的沸点。静态法是在某一温度下，直接测量饱和蒸气压，此法一般适用于蒸气压较大的液体。本实验采用静态法测定乙醇在不同温度下的饱和蒸气压。实验装置如图Ⅱ-12。

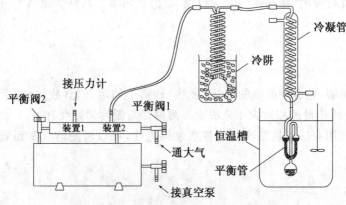

图Ⅱ-12　液体饱和蒸气压测定装置图

平衡管(也称等压计)由三个相连的玻璃球 A、B 和 C 组成(如图 Ⅱ-13)。平衡管上接一冷凝管,顺序通过冷阱、缓冲稳压器与数字电子测压仪相连。A 内装待测液体,当 A 球的液面上纯粹是待测液体的蒸气,而 B 管与 C 管的液面处于同一水平时,则表示 B 管液面上的压力(即 A 球液面上的蒸气压)与加在 C 管液面上的外压相等。此时,用当时的大气压读数减去数字测压仪读数(即真空度),即为液体在该温度下的饱和蒸气压。

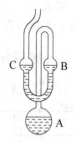

图Ⅱ-13 平衡管

三、仪器和试剂

1. 仪器

液体饱和蒸气压测定装置(包括平衡管、冷凝管、冷阱、缓冲稳压器、数字式低真空测压仪、真空泵),玻璃恒温水槽,温度计,气压计,电吹风。

2. 试剂

无水乙醇。

四、操作步骤

1. 装置仪器

取干燥洁净平衡管,用电吹风吹热盛样球 A,赶出球内部分空气,再从上口加入乙醇,快速冷却使乙醇吸入球中,再吹、再装,装至 2/3 球的体积,B 球和 C 球各装 1/2 体积(如图 Ⅱ-13)。然后按图Ⅱ-12 所示安装连接实验装置。平衡管置于恒温水浴中并与冷凝管通过玻璃磨口相连,接口要严密,以防止漏气和外部冷凝水渗入;冷凝管与冷阱相连,起到冷凝蒸气的作用。因本实验不涉及有毒有害物质,故冷阱部分也可以舍去不用。

2. 系统检漏

开通冷凝水。打开缓冲稳压器上所有阀门(即系统与大气相通),将数字测压仪置零。关闭平衡阀 1,开真空泵抽气减压。当数字测压仪上显示真空度约 60 kPa(示数为 -60 kPa)时,关闭抽气阀,观察测压仪的示数变化,如示数能在 3~5 min 内维持不变,则表明系统不漏气。此时,应立即关闭平衡阀 2(使真空储存在缓冲稳压罐内),打开平衡阀 1(使系统与大气相通)。如漏气,则应逐段检查,设法消除,直至不漏气为止。

3. 测定不同温度下液体的饱和蒸气压

调节恒温槽温度为 25℃。关闭平衡阀 1,打开平衡阀 2 或真空泵缓缓抽气减压,使球 A 至球 B 间空间内的空气呈气泡状通过 U 形管中的液体而逐出(注意调节阀门控制减压速度,勿使 C 液面中乙醇上升高度过高,以致进入冷凝管)。如发现气泡成串上窜,可关闭平衡阀 2,缓缓打开平衡阀 1 放入空气使沸腾缓和。如此慢沸 3~5 min,待盛样球中的空气排尽后,关闭平衡阀 2,小心开启平衡阀 1 缓缓放入空气,直至等压计 U 形管两臂的液面等高为止,读出数字测压仪上的真空度。测三次,相差应不大于 50 Pa。

同法测定 30℃、35℃、40℃、45℃及 50℃时乙醇的饱和蒸气压。

测定过程中如不慎使空气倒灌入盛样球,则需重新抽真空后方可继续测定。

如升温过程中,等压计 U 形管内的液体发生暴沸,可通入少量空气,以防止管内液体大量挥发而影响实验进行。

实验结束后,慢慢打开平衡阀 1,使测压仪恢复零位。关冷凝水,将抽气阀旋至与大气相通。关闭所有电源。

五、数据记录和处理

(1) 将实验数据记于下表,并计算各温度下乙醇的饱和蒸气压($p^* = p - \Delta p$)及 $\ln p^*$。

$t/℃$					
T/K					
$1/T$					
真空度 $\Delta p/Pa$					
大气压 p/Pa					
蒸气压 p^*/Pa					
$\ln p^*$					

(2) 以 $\ln p^*$ 对 $1/T$ 作图,由图中求出乙醇在实验温度范围内的平均摩尔气化热和乙醇的正常沸点,并与文献值进行比较,计算相对误差。给出乙醇饱和蒸气压的对数 $\ln p^*$ 与温度 T 之间的函数关系式。

六、实验要点和注意事项

(1) 整个实验系统应气密性良好。操作缓冲稳压器各控制阀时动作要轻、缓。

(2) 整个实验过程中,应保持等压计 A 球液面上的空气排净,且要防止空气倒灌。

(3) 抽气的速度要合适,防止等压计内液体沸腾过剧而使 U 形管内液体被抽尽。

(4) 本实验的关键在于等压计 U 形管两臂液面平齐时读取数据。在升温时应随时调节平衡阀 1,缓缓放入空气,使等压计两臂始终保持液面平齐,既不发生沸腾,也不能使液体倒灌入球 A 内而带入空气。

(5) 每次测量前均应在系统与大气相通(打开平衡阀 1)时将数字测压仪置零,并读取当时室内的大气压值。

(6) 平衡管应全部浸入恒温水浴中,以保证待测样品的温度与水浴温度相同。测定过程中恒温槽的温度波动应控制在 ±0.1℃ 内,并用温度计准确测量恒温水浴的实际温度。

(7) 关停真空泵前必须先通大气(解除真空),以防泵油倒吸污染实验系统以及因压力骤变发生冲泵、损坏压力仪表等危险(故通常在泵的进气口前加三通活塞,以便停泵前先通大气),同时减少电机启动负荷,有利于安全启动。

(8) 等压计是易破损玻璃仪器,实验过程中要小心操作,注意爱护。

七、思考和讨论

(1) 实验测定的气化热为什么是平均摩尔气化热?什么条件下气化热才与温度无关?

(2) 实验过程中为什么要防止空气倒灌?如果在等压计球 A 与球 B 管间有空气,对测定结果有何影响?怎样赶尽其中的空气?

(3) 等压计 U 形管中的液体起何作用?冷凝管起何作用?为什么可用液体本身作 U

形管封闭液?

 （4）检查系统是否漏气能否在加热情况下进行？为什么？

 （5）本实验方法能否用于测定溶液的蒸气压？为什么？

 （6）克劳修斯-克拉佩龙方程在什么条件下才适用？

实验五　凝固点降低法测摩尔质量

一、目的

（1）用凝固点降低法测定萘的摩尔质量。

（2）掌握溶液凝固点的测量技术，加深对稀溶液依数性的理解。

二、基本原理

定压下，降低溶液的温度，当开始有固态纯溶剂从溶液中析出时，即固态纯溶剂与溶液达到平衡，此时的温度称为该溶液的凝固点。稀溶液的凝固点低于纯溶剂的凝固点。凝固点降低是稀溶液的依数性之一。当溶剂的种类确定后，溶液凝固点降低值仅取决于溶液中所含溶质的相对质点数（即浓度），而与溶质的本性无关。用公式表示为：

$$\Delta T_f = T_f^* - T_f = K_f \cdot b_B \tag{1}$$

式中：T_f^* 为纯溶剂的凝固点；T_f 为溶液的凝固点；K_f 为溶剂的凝固点降低常数；b_B 为溶质的质量摩尔浓度。若溶液中溶剂质量为 m_A，溶质质量为 m_B，溶质的摩尔质量为 M_B，则

$$b_B = \frac{m_B / M_B}{m_A} \tag{2}$$

代入（1）式得：

$$M_B = \frac{K_f \cdot m_B}{\Delta T_f \cdot m_A} \tag{3}$$

据此，若已知溶剂的凝固点降低常数 K_f，则通过测定溶液的凝固点降低值 ΔT_f，即可求得溶质的摩尔质量 M_B。

需要注意，只有当溶质是以单分子形态存在于溶液中时，用（3）式计算得到的才是溶质的摩尔质量。如溶质在溶液中有解离、缔合、溶剂化或配合物形成等情况时，则不能简单地用（3）式计算，否则得到的只是溶质的表观摩尔质量。另外，浓度稍高时，已不是稀溶液，致使测得的摩尔质量随浓度的不同而变化，此时，严格地，应采用外推法，即用测得的摩尔质量对浓度作图，外推至浓度为零而求得较准确的摩尔质量值。

显然，实验操作主要归结为凝固点的精确测量。纯溶剂的凝固点是指其固液两相平衡共存时的温度。若将纯溶剂逐步冷却，理论上其冷却曲线应如图Ⅱ-14（a）所示。实际过程中往往发生过冷现象，当从过冷液中析出固体时，放出凝固热使系统温度回升到平衡温度，待液体全部凝固后温度再逐渐下降，其冷却曲线呈图Ⅱ-14（b）形状。溶液的冷却曲线与纯溶剂的有所不同，随着固态纯溶剂从溶液中不断析出，剩余溶液的浓度逐渐增大，其凝固点也逐渐下降，在冷却曲线上不存在温度不变的水平线段，出现如图Ⅱ-14（c）的形状。因此，在测定一定浓度溶液的凝固点时，析出的固体越少，测得的凝固点越准确。同时应设法控制适当的过冷程度，避免过冷太甚，一般可通过调节致冷剂温度、控制搅拌速度等实现，可在开始结晶时用玻

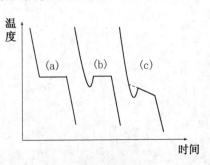

图Ⅱ-14　冷却曲线

璃棒摩擦管壁以促使晶体生成。溶液的凝固点应从冷却曲线上外推得到,如图Ⅱ-14(c)中虚线所示。

三、仪器和试剂

1. 仪器

凝固点测定仪,精密电子温差测量仪(或贝克曼温度计),0.1℃分度水银温度计(0～50℃),20 mL 移液管,电子天平,秒表,干毛巾。

2. 试剂

环己烷,萘,碎冰。

四、操作步骤

1. 安装仪器

按要求连接凝固点测定仪(如图Ⅱ-15)。凝固点测定管、内搅棒、温差测量仪探头应预先洗净干燥,搅拌时应注意避免搅棒与管壁或温差探头相摩擦。

2. 调节冰浴温度

调节冰水的量使冰浴温度为 3.5℃左右(此时冰、水并未处于相平衡状态。一般冰浴的温度以不低于溶液凝固点 3℃为宜)。实验时应经常搅动外搅棒,并间断补充少量碎冰,使冰浴温度基本保持不变。

3. 溶剂凝固点的测定

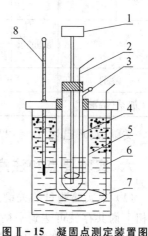

图Ⅱ-15　凝固点测定装置图
1—温差测量仪探头;2—内搅棒;3—投料支管;4—凝固点测定管;5—空气套管;6—外搅棒;7—冰浴;8—水银温度计

(1) 近似凝固点的测定。用移液管准确移取 20 mL 环己烷注入凝固点测定管(注意不要使环己烷溅在管壁上),塞紧软木塞(以免溶剂挥发),直接浸入冰浴,不断搅动内搅棒,使之逐渐冷却。当有固体析出时,停止搅拌,迅速将凝固点测定管取出,擦干管外冰水,移至空气套管中,再浸入冰浴,缓慢搅动内搅棒(约每秒一次),观察温差测量仪读数,当温度稳定后,记下读数,即为环己烷的近似凝固点(相对值)。

(2) 精确凝固点的测定。取出凝固点测定管,用手温热,使管中固体全部融化。再将凝固点测定管直接浸入冰浴,缓慢搅拌,使之冷却。当温度降至高于近似凝固点 0.5℃时,迅速取出凝固点测定管,擦干后移至空气套管中,再浸入冰浴,缓慢搅拌,使温度均匀缓慢下降。当温度低于近似凝固点 0.2～0.3℃时,急速搅拌(防止过冷太甚),使大量微细结晶析出,温度开始回升,此时立即改为缓慢搅拌。实验过程中,每隔 15 s 记录一次温差读数,作冷却曲线,求出凝固点(相对值)。重复测定三次,相差应不超过 0.003℃。

4. 溶液凝固点的测定

取出凝固点测定管,温热使管中结晶全部融化,加入准确称量的萘 0.05 g 左右(应防止其粘着于管壁、温差探头或搅棒上,此量约使其溶液凝固点降低 0.5℃),使其完全溶解。按上述方法测定溶液的冷却曲线。注意搅拌要非常小心、缓慢,勿使溶液溅在液面上的管壁,否则因此处温度较低,液滴很快凝固而成为晶种,则溶液会迅速析出大量固体,无过冷现象发生,致无法判断其凝固点。重复测定三次,相差应不超过 0.003℃。

五、数据记录和处理

(1) 用 $\rho/(g \cdot cm^{-3}) = 0.797\,1 - 0.887\,9 \times 10^{-3} t/℃$ 计算室温 t 时环己烷的密度,求出所取环己烷的质量 m_A。

(2) 将实验数据记入下表,作溶剂、溶液的温度-时间冷却曲线,求得溶剂、溶液的凝固点,填入表中,根据(3)式计算溶质萘的摩尔质量,并判断萘在环己烷中的存在形式。

溶剂	时间/min									
	温度/℃									
溶液	时间/min									
	温度/℃									
	质量/g	所测凝固点(相对值)				凝固点降低值 $\Delta T_f/℃$		溶质摩尔质量 $M_B/g \cdot mol^{-1}$		
		$T_{f,1}/℃$	$T_{f,2}/℃$	$T_{f,3}/℃$	$\overline{T_f}$					
溶剂										
加萘(溶液)										

文献值:环己烷 $T_f^* = 279.69\,K, K_f = 20.0\,K \cdot kg \cdot mol^{-1}$;萘 $M_B = 128.17\,g \cdot mol^{-1}$。

六、实验要点和注意事项

(1) 本实验测量的关键是控制过冷程度和搅拌速度。对于纯溶剂,理论上,定压下只要两相平衡共存就可达到平衡温度。实际上,只有固相充分分散到液相中,也即固液两相的接触面相当大时,才能达到平衡。将凝固点测定管置于空气套管中,温度不断降低达到凝固点后,固相逐渐析出,此时若放出的凝固热小于冰浴所吸收的热量,则系统温度将继续不断下降,即产生过冷现象。这时应控制过冷程度,采取突然搅拌的方式,使骤然析出的大量微细结晶得以与液相充分接触,从而测得其平衡温度,即凝固点。为判断过冷程度,本实验先测近似凝固点。对于溶液,由于凝固的溶剂量的多少将直接影响溶液的浓度,因此控制过冷程度和搅拌速度更为重要。

(2) 高温、高湿季节不宜安排本实验。因溶剂易吸水,水蒸气进入测量系统如同增加了溶质的质点数,导致所测凝固点偏低。市售环己烷因含少量水,导致实验测得的纯溶剂的冷却曲线也得不到水平线段。

(3) 往凝固点测定管中加入环己烷、萘以及搅拌时,应努力避免样品溅在器壁上。

七、思考和讨论

(1) 何谓凝固点? 凝固点降低公式在什么条件下才适用? 它能否用于电解质溶液?

(2) 本实验选择环己烷(相对于苯)作溶剂有何优点?

(3) 根据什么原则考虑加入溶质的量? 太多、太少会有何影响?

(4) 如何控制冰浴的温度? 过高、过低会有何影响?

(5) 空气套管的作用是什么? 使用时应注意什么问题?

附 注

(1) 凝固点降低法具有设备简单,不受外压影响(相对于沸点升高法),低温操作溶剂挥发损失小,一般溶剂均有较大的凝固点降低常数等优点。

(2) 根据稀溶液依数性,用凝固点降低法测得的是数均摩尔质量。故若用此法测定大分子物质时,必须先除去其中所含的溶剂和小分子物质,否则将有很大误差。所用溶剂以具有较大凝固点降低常数的樟脑为宜,但须注意市售樟脑不纯,其 K_f 值应重作测定。若待测物质不溶于樟脑或与樟脑有反应,或加热到樟脑熔点(178℃)即行分解,则不适用。

(3) 测定凝固点还可以鉴定物质的纯度、解离度、缔合度、溶剂的活度系数等。

实验六　分光光度法测弱电解质电离常数

一、目的

(1) 掌握一种测定弱电解质电离常数的方法,测定甲基红的电离常数。
(2) 掌握分光光度计和酸度计的工作原理和使用方法。

二、基本原理

甲基红(对-二甲氨基-邻-羧基偶氮苯)是一种弱酸型的染料指示剂,具有酸式(HMR)和碱式(MR$^-$)两种形式,在溶液中可部分电离,在碱性溶液中呈黄色,在酸性溶液中呈红色,有如下平衡:

$$(CH_3)_2N- \!\!-N=N- \cdots \longleftrightarrow (CH_3)_2\overset{+}{N}= \!\!=N-N-$$

酸式(HMR)红色

$$H^+ \Big\updownarrow OH^-$$

碱式(MR$^-$)黄色

简写为:

$$HMR \Longrightarrow H^+ + MR^-$$

其电离平衡常数表示为:

$$K = \frac{[H^+][MR^-]}{[HMR]} = \frac{c_{H^+} c_B}{c_A} \tag{1}$$

或

$$pK = pH - \lg \frac{c_B}{c_A}$$

由此可见,在已知 pH 条件下,只要测得 c_B 和 c_A 的值,即可求得电离常数 K。由于酸式和碱式甲基红在可见光区都有强的吸收峰,溶液离子强度的变化对其电离常数也无明显影响,且可用简单的醋酸-醋酸钠缓冲溶液就很容易使颜色在 pH=4~6 范围内变化,因此,浓度 c_B、c_A 可以很方便地用分光光度法来获得。

根据朗伯-比尔(Lambert-Beer)定律,物质对单色光的吸收遵循下列关系式:

$$A = -\lg \frac{I}{I_0} = k \cdot l \cdot c \tag{2}$$

式中:A 为吸光度(也称光密度);I_0 为入射光强度;I 为透过光强度;I/I_0 为透光率;c 为溶液浓度;l 为液层厚度(比色皿厚度);k 为吸光系数。

对于溶液,分光光度计测得的吸光度为各物质吸光度之和,即

$$A_{\lambda_A} = k_{A,\lambda_A} \cdot l \cdot c_A + k_{B,\lambda_B} \cdot l \cdot c_B$$

$$A_{\lambda_B} = k_{A,\lambda_B} \cdot l \cdot c_A + k_{B,\lambda_B} \cdot l \cdot c_B \tag{3}$$

式中：A_{λ_A}、A_{λ_B} 分别为在酸式 HMR(A) 和碱式 MR^-(B) 的最大吸收波长 λ_A、λ_B 处测得的总的吸光度；k_{A,λ_A}、k_{A,λ_B} 和 k_{B,λ_A}、k_{B,λ_B} 分别为酸式(A) 和碱式(B) 在波长 λ_A、λ_B 下的吸光系数，它们均可由作图法求得。例如，首先配制 pH≈2 的系列浓度甲基红酸性溶液，在波长 λ_A 下测定各溶液的吸光度，用所测吸光度对浓度作图，得到一条过原点的直线，由直线斜率即可求得 k_{A,λ_A}。其余三个吸光系数求法类同。据此，由(3)式即可求得 c_B、c_A，进而求得电离常数 K。

三、仪器和试剂

1. 仪器

分光光度计，酸度计，100 mL 容量瓶 6 个，10 mL 移液管 3 支，镜头纸。

2. 试剂

甲基红贮备液(0.5 g 晶体甲基红溶于 300 mL 95% 的乙醇中，用蒸馏水稀释至 500 mL)，标准甲基红溶液(8 mL 贮备液加 50 mL 95% 乙醇稀释至 100 mL)，pH＝6.84 的标准缓冲溶液，0.04 mol·L^{-1}、0.01 mol·L^{-1} NaAc，0.02 mol·L^{-1} HAc，0.1 mol·L^{-1}、0.01 mol·L^{-1} HCl。

四、操作步骤

(1) 接通分光光度计、酸度计电源，预热 30 min。分光光度计在不测定时应将暗盒盖打开，以延长光电管的使用寿命。

(2) 配制溶液。

① 酸式甲基红溶液(A)：取 10 mL 标准甲基红溶液，加 10 mL 0.1 mol·L^{-1} HCl，稀释至 100 mL。此溶液的 pH 约为 2，因此甲基红完全以 HMR 酸式存在。

② 碱式甲基红溶液(B)：取 10 mL 标准甲基红溶液，加 25 mL 0.04 mol·L^{-1} NaAc，稀释至 100 mL。此溶液的 pH 约为 8，因此甲基红完全以 MR^- 碱式存在。

(3) 测定酸式和碱式甲基红的最大吸收波长 λ_A、λ_B。

取适量 A 液、B 液、空白液(蒸馏水)分别注入 3 个洁净的 1 cm 比色皿内，在 360～600 nm 波长范围每隔 10 nm 各测一次 A 液、B 液的吸光度(每次测定前均应用蒸馏水校正)，绘制其吸光度 A-波长 λ 曲线，找出酸式甲基红(A)、碱式甲基红(B)的最大吸收波长 λ_A、λ_B。

(4) 按表Ⅱ-1 配制系列浓度 a 液、b 液、a+b 混合液。

表Ⅱ-1 系列浓度溶液配制方案

a 液编号	相对浓度 c	A 液体积/mL	0.01 mol·L^{-1} HCl 体积/mL
a_1	0.20	5	20
a_2	0.40	10	15
a_3	0.60	15	10
a_4	0.80	20	5
a_5	1.00	25	0

（续表）

b 液编号	相对浓度 c	B 液体积/mL	0.01 mol·L^{-1} NaAc 体积/mL
b_1	0.20	5	20
b_2	0.40	10	15
b_3	0.60	15	10
b_4	0.80	20	5
b_5	1.00	25	0

a＋b 混合液编号	试剂及用量/mL			
	标准甲基红溶液	0.04 mol·L^{-1} NaAc	0.02 mol·L^{-1} HAc	蒸馏水
混 1	10	25	50	
混 2	10	25	25	稀释至 100 mL
混 3	10	25	10	
混 4	10	25	5	

（5）分别测定系列浓度 a 液、b 液在最大吸收波长 λ_A、λ_B 处的吸光度,验证朗伯-比尔定律,求出各吸光系数 k_{A,λ_A}、k_{A,λ_B} 和 k_{B,λ_A}、k_{B,λ_B}。

（6）测定四个 a＋b 混合液在最大吸收波长 λ_A、λ_B 处的吸光度及其 pH。

五、数据记录和处理

（1）将 A 液、B 液在不同波长下的吸光度记入下表,作吸光度 A-波长 λ 曲线,找出酸式甲基红(A)、碱式甲基红(B)的最大吸收波长 λ_A、λ_B。

A 液	λ/nm										
	A										
B 液	λ/nm										
	A										

（2）将系列浓度 a 液、b 液在最大吸收波长 λ_A、λ_B 处的吸光度记入下表,作吸光度 A-相对浓度 c 曲线,由直线斜率求出各吸光系数 k_{A,λ_A}、k_{A,λ_B} 和 k_{B,λ_A}、k_{B,λ_B}。

a 液	相对浓度 c	A_{A,λ_A}	A_{A,λ_B}	b 液	相对浓度 c	A_{B,λ_A}	A_{B,λ_B}
a_1	0.20			b_1	0.20		
a_2	0.40			b_2	0.40		
a_3	0.60			b_3	0.60		
a_4	0.80			b_4	0.80		
a_5	1.00			b_5	1.00		

（3）将混合液在最大吸收波长 λ_A、λ_B 处的吸光度及其 pH 记入下表,由(3)式求得该

pH 条件下的 c_B、c_A，由（1）式求得电离常数 K，取平均值，即为室温下甲基红的电离常数。

混合液	A_{λ_A}	A_{λ_B}	pH	c_A	c_B	K	$\overline{K}$
混 1							
混 2							
混 3							
混 4							

六、实验要点和注意事项

（1）配制好溶液、准确测定溶液的吸光度和 pH 是本实验测量的关键。

（2）分光光度计、酸度计应先预热 30 min。分光光度计在不测定时应将暗盒盖打开，以延长光电管的使用寿命。

（3）取用比色皿时，应用手捏住其毛面，而不能拿捏其光面。测试前，比色皿外壁附着的水或溶液应用镜头纸或细软的吸水纸吸干，不可擦拭，以免损伤其光学表面。比色皿用毕应用蒸馏水洗净、吸干，存放于比色皿盒中。每台仪器配用的比色皿不得互换使用。

（4）pH 复合电极在使用前需在 3 mol·L^{-1} KCl 溶液（内参比补充液）中浸泡一昼夜。复合电极的敏感玻璃球泡很薄，易碎，切不可与硬物相碰。测量结束洗净后，及时将电极护套套上，套内应放少量内参比补充液，以保持电极球泡的湿润，切忌浸泡在蒸馏水中。

（5）本实验需时较长，为节约时间，可省去操作步骤中的第 3 步，由教师直接告知酸式和碱式甲基红的最大吸收波长 λ_A（~520 nm）、λ_B（~430 nm）。

七、思考和讨论

（1）配制溶液时，所用的 HCl、NaAc、HAc 溶液各起什么作用？

（2）用分光光度法进行测定时，为什么要用空白液校正零点？理论上应该用什么溶液作空白液？本实验中用的是什么？为什么？

（3）在吸光度测定中，应该怎样选用比色皿？

（4）实验中溶液浓度为什么可以用相对浓度表示？

附 注

分光光度法具有较高的灵敏度，在化学测试中应用广泛，也是物理化学研究中的重要方法之一，可用于平衡常数、反应速率测定及机理研究，还可帮助了解溶液中分子结构及各种相互作用（如缔合、配位、离解、氢键等）。分光光度法之广泛应用，还因其并不局限于可见光区，它可以扩展到紫外和红外光区，因此对一系列不能显色的物质也可应用。此外，也可在同一样品中对两种以上的物质同时进行测定，而无需进行预分离。

实验七 滴定法测反应平衡常数

一、目的

（1）用滴定法测定碘和碘离子反应 $KI + I_2 \rightleftharpoons KI_3$ 的平衡常数。

（2）测定碘在四氯化碳和水中的分配系数。

二、基本原理

在恒温恒压下，碘和碘离子在水溶液中建立如下平衡：

$$I^- + I_2 \rightleftharpoons I_3^-$$

其平衡常数 K_c 为：

$$K_c = \frac{[I_3^-]}{[I^-][I_2]}$$

本实验采用滴定法测定平衡时各物质的浓度，进而求得平衡常数。通常，在化学分析中用碘量法测定水溶液中的 I_2，但在本实验系统中，当用 $Na_2S_2O_3$ 标准溶液滴定达平衡时 I_2 的浓度时，随着 I_2 的消耗，上述反应平衡将向左移动，使 I_3^- 继续分解直至完全，最后测出的实际是溶液中 I_2 和 I_3^- 浓度的总和。怎样才能测定水溶液中 I_2 的浓度呢？为了解决这个问题，可在上述溶液中加入 CCl_4，然后充分摇匀，I^- 和 I_3^- 不溶于 CCl_4，当温度压力一定时，上述化学平衡和 I_2 在四氯化碳层与水层之间的分配平衡同时建立，测得四氯化碳层中 I_2 的浓度，即可根据分配系数求得水层中 I_2 的浓度。

本实验先在一定温度压力下将 I_2 的四氯化碳溶液与水混合，平衡时分析两相中 I_2 的浓度，求得分配系数 K_d。然后在相同温度压力条件下将 I_2 的四氯化碳溶液与 KI 的水溶液混合，建立复相同时平衡：

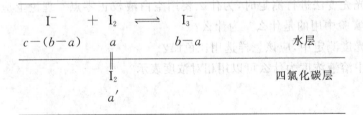

平衡时，水层中各物质的浓度表示如下：

I_2 的浓度 a: $\qquad\qquad a = a'K_d$

$(I_2 + I_3^-)$ 总浓度 b：用 $Na_2S_2O_3$ 标准溶液滴定即得

I_3^- 的浓度： $\qquad\qquad b - a$

I^- 的浓度：等于 I^-（即 KI）的初始浓度 c 减去 I_3^- 的浓度 $(b - a)$

故反应 $I^- + I_2 \rightleftharpoons I_3^-$ 的平衡常数 K_c 为：

$$K_c = \frac{[I_3^-]}{[I^-][I_2]} = \frac{b - a}{[c - (b - a)]a}$$

三、仪器和试剂

1. 仪器

恒温槽，250 mL 碘量瓶 2 个，25 mL、100 mL 量筒各 1 个，25 mL、5 mL 移液管各 1 支，25 mL、5 mL 碱式滴定管各 1 支，锥形瓶 2 个。

2. 试剂

0.02 mol·L^{-1} I$_2$ 的 CCl$_4$ 溶液，0.100 0 mol·L^{-1} KI 水溶液，0.020 0 mol·L^{-1} Na$_2$S$_2$O$_3$ 标准溶液，1‰淀粉溶液，蒸馏水。

四、操作步骤

（1）调节恒温槽温度为 25℃。

（2）取两个洁净干燥碘量瓶，编好号，用量筒按表Ⅱ-2 配制溶液，随即盖好。

表Ⅱ-2　用量筒配制系列溶液

编号	H$_2$O/mL	KI 水溶液/mL	I$_2$ 的 CCl$_4$ 溶液/mL
1	100	0	25
2	0	100	25

（3）将配好的溶液剧烈振荡 10 min，然后置于恒温槽中并不时摇动，使系统温度均匀，恒温 30 min。待系统分为两层后（如水层表面还有 CCl$_4$，可轻轻摇动使之下沉），取样分析。水层取 25.00 mL，四氯化碳层取 5.00 mL（为了不使水层样品混入，取样时先用手指塞紧移液管上端口，再直插入四氯化碳层中吸取）。因 1 号瓶四氯化碳层、2 号瓶水层样品中含 I$_2$ 量大，需用 25 mL 滴定管，而 1 号瓶水层、2 号瓶四氯化碳层样品中含 I$_2$ 量小，则用 5 mL 微量滴定管。

（4）水层分析。取样 25.00 mL，先用 Na$_2$S$_2$O$_3$ 标准溶液滴定至淡黄色，再加约 0.5 mL 淀粉指示剂（此时溶液呈蓝色），然后继续滴至蓝色恰好消失，记下所消耗 Na$_2$S$_2$O$_3$ 溶液的体积。滴定数次，取平均，下同。

（5）四氯化碳层分析。取样 5.00 mL，先加入约 5 mL 水和 5 mL 0.1 mol·L^{-1} KI 水溶液（促使四氯化碳层中的 I$_2$ 尽快进入水层），充分摇动（滴定时也要充分摇动），加约 0.5 mL 淀粉指示剂，再用 Na$_2$S$_2$O$_3$ 标准溶液滴定至水层蓝色消失，四氯化碳层不再出现红色，记下所消耗 Na$_2$S$_2$O$_3$ 溶液的体积。

滴定后及碘量瓶中剩余的四氯化碳层均应倒入指定回收瓶中。

五、数据记录和处理

（1）记录各次滴定所消耗 Na$_2$S$_2$O$_3$ 标准溶液的体积，计算相应样品中 I$_2$ 的浓度（四氯化碳层中是 I$_2$，水层中是 I$_2$+I$_3^-$）。数据记于下表：

实验温度：_____，KI 水溶液的浓度 c：_____，Na$_2$S$_2$O$_3$ 标准溶液的浓度：_____。

瓶号	取样层		消耗 Na$_2$S$_2$O$_3$ 标准溶液的体积/mL				取样层中 I$_2$ 的浓度 /(mol·L^{-1})
			1	2	3	平均	
1	水层	25.00 mL					
	CCl$_4$ 层	5.00 mL					
2	水层	25.00 mL					
	CCl$_4$ 层	5.00 mL					

计算时注意滴定反应为:$I_2 + 2S_2O_3^{2-} \rightleftharpoons 2I^- + S_4O_6^{2-}$

(2) 由 1 号瓶样品数据,计算 I$_2$ 在四氯化碳和水中的分配系数 K_d:$K_d = \dfrac{[I_2]_{H_2O}}{[I_2]_{CCl_4}}$

(3) 根据实验测得的分配系数,由 2 号瓶样品数据,计算碘和碘离子反应 $KI + I_2 \rightleftharpoons KI_3$ 的平衡常数 K_c。

六、实验要点和注意事项

(1) 分析水层样品时,淀粉溶液不要加得太早,否则形成 I$_2$ 的淀粉配合物不易分解。

(2) 分析四氯化碳层样品时,注意不要混入水层,滴定时要充分摇动,使四氯化碳层中的 I$_2$ 转移到水层。

七、思考和讨论

(1) 本实验在碘量瓶中配制溶液时,为什么可以用量筒来量取溶液?此时,溶液体积是否要求很准确?

(2) 2 号碘量瓶中 KI 水溶液的浓度是否要准确知道?I$_2$ 的 CCl$_4$ 溶液的浓度需要准确知道吗?

(3) 测定反应平衡常数及分配系数为什么要求恒温?

(4) 本实验为什么要通过分配系数的测定求反应的平衡常数?

(5) 如何计算达平衡时 2 号碘量瓶水层中各组分 I^-、I_2、I_3^- 的浓度?

(6) 如何加速平衡的到达?滴定水层和四氯化碳层中 I$_2$ 的浓度时,应注意什么问题?

相平衡实验部分

实验八　双液系气-液平衡相图

一、目的

（1）用回流冷凝法测定不同组成乙醇-环己烷双液系的沸点及气相、液相的组成，绘制沸点-组成图，确定其恒沸温度和恒沸组成。

（2）掌握阿贝折射仪的使用方法。

二、基本原理

常温下，两种液态物质混合而成的二组分系统称为双液系。如果两种液体能以任意比例相互溶解，则称为完全互溶双液系。

根据吉布斯相律，二组分系统的自由度为：

$$F=C-P+2=4-P$$

相数 P 最少为1，故自由度 F 最大为3，其相图需用三维坐标来表示。为方便起见，常固定其中一个自由度，得二维平面相图，如固定温度得压力-组成图，固定压力得温度-组成图。对二组分气-液平衡相图，其压力-组成图用蒸气压法绘制，温度-组成图用沸点法绘制。

液体的沸点是其蒸气压和外压相等时的温度。一定外压下，纯液体的沸点为一定值。但对双液系，沸点不仅与外压有关，还与其组成有关，而且在沸点时，平衡的气、液两相的组成通常也不相同。一定外压下，表示溶液沸点与平衡的气、液两相组成关系的相图，称为沸点-组成图。完全互溶双液系的沸点-组成图可分为三类：① 溶液的沸点介于两纯组分沸点之间（即理想或一般偏差系统），如图Ⅱ-16(a)；② 溶液存在最低沸点（即最大正偏差系统），如图Ⅱ-16(b)；③ 溶液存在最高沸点（即最大负偏差系统），如图Ⅱ-16(c)。②③类系统也称为具有恒沸点的双液系（恒沸点处的温度称恒沸温度）。它与①类的根本区别在于，系统在恒沸点处气、液两相的组成相同（称恒沸组成），因而通过精馏只能获得一个纯组分和一个恒沸混合物，而不能像①类那样使两个组分完全分离。乙醇-环己烷双液系属于具有最低恒沸点一类的系统。

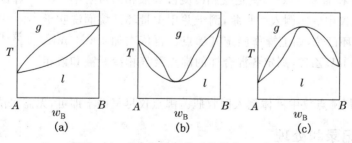

图Ⅱ-16　完全互溶双液系的沸点-组成图

本实验采用回流冷凝及光学分析的方法来绘制相图。取不同组成的溶液在沸点仪中回流，测定其沸点及气、液相组成。沸点数据可直接由温度计获得；气、液相组成可通过测定其折射率,然后由折射率-组成工作曲线来确定。

三、仪器和试剂

1. 仪器

沸点仪,精密稳流电源,阿贝折射仪,0.1℃分度水银温度计(50～100℃),25 mL、5 mL、1 mL移液管各2支,长、短吸液管各1支,镜头纸。

2. 试剂

无水乙醇,环己烷,环己烷质量分数分别为0(纯乙醇)、0.20、0.40、0.60、0.80、1(纯环己烷)等六种组成的环己烷-乙醇标准溶液。

四、操作步骤

1. 折射率-组成工作曲线的绘制

恒温25℃下,用阿贝折射仪依次逐个测定环己烷质量分数分别为0、0.20、0.40、0.60、0.80、1等六种组成的环己烷-乙醇标准溶液的折射率(每个样品测三次,取平均值),绘制折射率-组成工作曲线。测试时,注意滴管等硬物切勿碰及镜面,样品要铺满,锁钮要旋紧,动作要迅速,擦镜要用镜头纸顺同一方向轻轻揩干(不可来回擦)。滴管用毕要放正,切勿随意倒置,以免残液及后续样液被胶头污染。

2. 溶液沸点及气、液相组成的测定

(1) 取25 mL乙醇置于干燥洁净的沸点仪内。按图Ⅱ-17连好装置,使电热丝全部浸入液体中,温度计水银球一半浸入一半露出,电热丝、温度计、瓶壁均应相隔一定距离,塞紧塞子。接通冷凝水和精密稳流电源,调节电流,使液体慢慢加热至恰好沸腾(勿加热过沸),待温度恒定,记下沸点,停止加热,充分冷却。

(2) 依次取1 mL、2 mL、4 mL、7 mL环己烷加入沸点仪中构成不同组成溶液,重新加热至沸腾(注意开始出来的冷凝管下端小凹槽的气相冷凝液不能代表平衡时的气相组成,应将其倾回蒸馏瓶,反复2～3次),待温度恒定几分钟后,记下沸点,停止加热。充分冷却后(可用烧杯盛冷水将蒸馏瓶快速冷却),用干燥洁净的吸液管分别从气相冷凝液取样口和加液口取样,测定气相冷凝液和液相的折射率。

(3) 将沸点仪中液体倒入回收瓶,倒干并用少量环己烷润洗吹干后,加入25 mL环己烷,如上操作测定其沸点。再依次加入0.5 mL、0.5 mL、3 mL、6 mL乙醇,测定各混合样的沸点及气相冷凝液和液相的折射率。

实验结束,将沸点仪中液体倒入回收瓶。沸点仪尽量倒干即可,无需水洗。

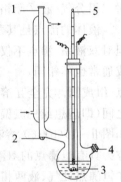

图Ⅱ-17 沸点仪
1—气相冷凝液取样口;2—小凹槽;3—电热丝;4—加液口;5—温度计

五、数据记录和处理

(1) 将环己烷-乙醇标准溶液的折射率记入下表,绘制折射率-组成工作曲线。

环己烷质量分数 w_B	0	0.20	0.40	0.60	0.80	1
折射率 n_D						

（2）将测试样的沸点及气相冷凝液和液相的折射率记入下表，从折射率-组成工作曲线上找出相应的气相、液相组成；根据沸点和气、液相组成在直角坐标上描出气相点、液相点；将气相点、液相点分别连成线，绘成常压下乙醇-环己烷双液系的沸点-组成图；从图上找出恒沸温度和恒沸组成。数据记入表中。

序号	乙醇量/mL		环己烷量/mL		沸点 $t/℃$	气相冷凝液		液 相	
	每次量	累计量	每次量	累计量		n_D	w_B	n_D	w_B
1	25	25	0	0					
2	0	25	1	1					
3	0	25	2	3					
4	0	25	4	7					
5	0	25	7	14					
6	0	25	25	25					
7	0.5	0.5	0	25					
8	0.5	1	0	25					
9	3	4	0	25					
10	6	10	0	25					
恒沸温度						恒沸组成			

六、实验要点和注意事项

（1）溶液的沸点及相应的气相冷凝液和液相的折射率是本实验直接测量的量，影响其测量值的因素都是影响实验结果的主要因素。调节折射仪时一定要仔细，使明暗分界线恰好位于十字叉中心，否则误差过大，影响实验结果。

影响沸点测定的因素主要是回流的质量。为有一个好的回流，需注意以下几点：一是加热电流不能太大，保持液体微沸即可，避免加热过沸，否则既易造成气相冷凝不完全，又可能导致有机液体燃烧或烧断电热丝；二是回流时间不可过短，当沸腾温度趋于恒定后，还应维持数分钟回流，使系统达到气液平衡后，再记录沸点，停止加热，取样分析；三是冷凝管下端小凹槽宜小，刚够取样量即可。小凹槽过大，则其收集到的是不同沸腾温度下分馏出来的气相混合物，致测量不准，相图变形，此时可将沸点仪适当倾斜进行校正。

（2）电热丝应全部浸入液体，既减少过热暴沸现象，又避免露出液面加热可能引起有机液体燃烧。

（3）实验过程中必须始终开通冷凝水（调节流量使蒸气回流高度稳定在约 2 cm 处），既使气相冷凝充分，也避免蒸气逸出污染空气。

（4）每次取样分析前，吸液管均应吹干。先测气相冷凝液，再测液相。

七、思考和讨论

（1）实验时取样体积是否要求十分准确？测定混合样时是否需要先洗净吹干沸点仪？为什么？

（2）为什么不能采用简单精馏的办法由含水乙醇来制备无水乙醇？

附 注

（1）实验所测之沸点严格地应进行露茎校正（参阅本书"Ⅲ. 常用仪器"）和气压校正。

液体的沸点与外压有关，外压为标准大气压 101 325 Pa 时的沸点称为正常沸点，但通常情况下外压并不恰好是 101 325 Pa。根据特鲁顿（Trouton）规则和克拉佩龙方程，可导出液体沸点随气压变化的公式近似为：

$$T = T_0 + \frac{T_0(p - 101\ 325)}{10 \times 101\ 325}$$

式中：T_0 为正常沸点；T 为气压 p 下的沸点。据此公式，由乙醇的正常沸点（351.45 K）算出其在实验气压下的沸点，并与实验所测沸点相比较，求出温度计本身误差的校正值，然后逐一校正各不同组成溶液的沸点。

本实验因温度计水银柱大部分在沸点仪内，露茎校正可以忽略。

（2）蒸气在到达冷凝管前，常会有部分高沸点组分被冷凝，因而所得气相冷凝液可能并不代表真正的平衡气相组成。为减小此误差，蒸馏瓶的支管位置不宜太高，沸腾液体的液面与支管上小凹槽的距离不应过远，最好在仪器外加保温层，以减少蒸气先行冷凝。

实验九　三液系液-液平衡相图

一、目的

（1）掌握用三角形坐标表示三组分系统定温定压相图的方法。

（2）熟悉用溶解度法（浊点法）测定液—液平衡数据的原理和实验操作，绘制具有一对共轭溶液的乙醇-环己烷-水三组分系统的液-液平衡相图。

二、基本原理

定温定压下，三组分系统的相图常用单位边长的等边三角形坐标表示（如图Ⅱ-18），等边三角形的三个顶点分别代表三个纯组分，三条边上的点分别代表由该边两个端点组分构成的二组分系统，三角形内任意一点 O 代表一个三组分系统，其组成可如下确定：

经 O 点作三边的平行线交三边于 a、b、c 三点，由几何学知识可知，$Oa+Ob+Oc=AB=BC=CA=1$，于是，O 点系统的组成为：$w_A=Oa=Cb$，$w_B=Ob=Ac$，$w_C=Oc=Ba$。反之，已知三个组分的含量即可在图上标出其系统点：按三个组分的含量将底边 BC 分成三段，长度依次为 w_C、w_A、w_B，以中间段为底边作一小等边三角形上去，顶点即所求系统点。

等边三角形坐标图还有以下几个特点：

（1）一边平行线上的点，其顶角组分的含量都相同。如 Ob 线上的点，A 的含量都相同。

（2）任一顶点与对边连线上的点，其对边两组分的含量之比都相同。因此，在系统中加入某一组分时，系统点即向着该组分的顶点方向移动。

（3）由组成不同的两个三组分系统混合而成的新系统，其系统点必在原来两系统点的连线上，且由杠杆规则确定。

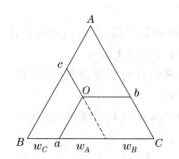

图Ⅱ-18　等边三角形坐标表示法

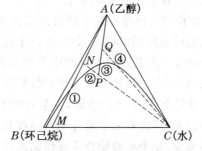

图Ⅱ-19　三液系相图及其绘制

凝聚系统相图的绘制有两种常用的方法：热分析法和溶解度法。前者常用于绘制金属相图，后者常用于绘制水-盐系统相图和液-液平衡相图（即溶解度图）。

本实验介绍溶解度法（在这里也称浊点法）绘制具有一对共轭溶液的三液系定温定压相图的方法（如图Ⅱ-19）。设有 A、B、C 三个组分，其中，A 与 B、A 与 C 均能以任意比例完全互溶，B 与 C 在一定温度下只能部分互溶，则其相图为一条开口朝向 BC 边的帽形曲线（即溶解度曲线），帽形曲线内为两共轭液相区，曲线外为单一液相区。只要测出相图中溶解度曲线上某些均匀分布的点（①、②、③……）的成分，即可在三角坐标纸上绘出该相图。这些

点的成分测定可按如下进行:

(1) 以一定比例的 B 和 C 相混合,使其部分互溶形成两个相。其系统点可根据 B、C 的比例在三角坐标上确定,设为 M。

(2) 往 M 系统中滴加组分 A,系统点将由 M 点沿 MA 线向 A 点移动,当滴加最后一滴 A 使系统点恰好到达溶解度曲线上的点①时,系统两相消失,故由混浊变为澄清。点①可根据三个组分的量描出。继续滴加一定量的 A,系统点移至 N。

(3) 在 N 系统中滴加组分 C,系统点又由 N 点沿 NC 线向 C 点移动,当滴加最后一滴 C 使系统点恰好到达溶解度曲线上的点②时,系统由一相变为两相,故由澄清变为混浊。点②可根据三个组分的量描出。继续滴加一定量的 C,系统点移至 P。

(4) 再在 P 系统中滴加组分 A,至混浊消失,系统点又到达溶解度曲线上的另一点③。③点仍可由三个组分的量描出。

(5) 重复上述步骤,又可得到其他一些点,将这些点在三角坐标纸上描出,连起来,即得定温定压下三液系的液-液平衡相图。

三、仪器和试剂

1. 仪器

150 mL 锥形瓶,5 mL、1 mL 刻度移液管,50 mL 滴定管 2 支。

2. 试剂

环己烷,无水乙醇,蒸馏水。

四、操作步骤

(1) 在二支干燥洁净的滴定管中分别装入 50 mL 无水乙醇和 50 mL 蒸馏水。

(2) 用两支刻度移液管分别移取 3 mL 环己烷和 0.15 mL 水注入干燥洁净的锥形瓶中。注意尽量不要使液滴溅在瓶壁上。

(3) 由滴定管向锥形瓶中缓慢滴加乙醇,边滴边摇动锥形瓶,至溶液恰好由浊变清时,记下滴入乙醇的体积,得第一数据点。于此溶液中再补加乙醇 1 mL。

(4) 由另一滴定管向锥形瓶中缓慢滴加水,至溶液恰好由清变浊时,记下滴入水的体积,得第二数据点。再按下表中所给数据补加水 0.30 mL。

(5) 重复上述(3)、(4)步骤,直至表中 10 组数据测完,获得 10 个数据点。

实验结束,将锥形瓶中液体倒入回收瓶。

严格来说,整个实验操作应在恒温条件下进行。

五、数据记录和处理

(1) 实验数据记入下表:

序号	体积 V/mL					质量 m/g				质量分数 w			终点记录
	环己烷（合计）	水		乙醇		环己烷	水	乙醇	合计	环己烷	水	乙醇	
		新加	合计	新加	合计								
1	3.00	0.15	0.15										清
2	3.00			1.00									浊
3	3.00	0.30											清
4	3.00			1.50									浊
5	3.00	1.00											清
6	3.00			2.00									浊
7	3.00	2.00											清
8	3.00			5.00									浊
9	3.00	6.00											清
10	3.00			10.00									浊

(2) 按照下列密度与摄氏温度的关系,计算各组分在实验温度下的密度,然后计算滴定终点时各组分的质量和质量分数。数据记入表中。

$\rho/(\mathrm{g\cdot mL^{-1}})$（环己烷）$=0.797\,07-0.887\,9\times10^{-3}t-0.972\times10^{-6}t^2+1.55\times10^{-9}t^3$

$\rho/(\mathrm{g\cdot mL^{-1}})$（水）$=1.016\,99-14.290/(940-9t)$

$\rho/(\mathrm{g\cdot mL^{-1}})$（乙醇）$=0.785\,06-0.859\times10^{-3}(t-25)-0.56\times10^{-6}(t-25)^2-5\times10^{-9}(t-25)^3$

(3) 根据终点时各组分的质量分数组成,将各实验点描绘在三角坐标纸上(三角坐标纸可利用计算机小软件 GraphPap 设计打印出来),并连成一条均匀光滑的曲线,即溶解度曲线。假定环己烷与水完全不互溶,将曲线用虚线延长到纯环己烷和纯水的两个顶点。

(4) 在掌握手工绘制三组分系统相图的基础上,本实验相图也可用计算机 Origin 软件绘制:点菜单 **Column** → **Add new columns** →增加一列即 C 列→选定 C 列并右键 **Set as"Z"** →录入数据→全选并点 **Plot** → **Ternary** →修饰完善。所绘相图可粘贴到 Word 文档中。

六、实验要点和注意事项

(1) 锥形瓶应先洗净烘干,振荡后内壁不能挂液珠。

(2) 滴定管尖嘴部分也应充满液体,不能有气泡。

(3) 在滴定过程中要逐滴加入,并且不断摇动锥形瓶,但要尽量避免液滴溅在瓶壁上。本实验终点观察不很容易,要注意仔细观察终点即将到达和到达时溶液状态的变化,以便正确控制滴加乙醇或水的量,使终点滴定误差控制在半滴或一滴左右。

(4) 因试样易挥发,故每次滴定时应力求快一些。

(5) 第二、第四组数据中水的滴定消耗体积很少,仅数滴,需特别注意。

七、思考和讨论

(1) 本实验所用锥形瓶等玻璃器皿为什么均应事先干燥?

（2）如滴定过程中有一次清浊转变读数不准或超过终点，是否需要立即倒掉溶液重做实验？

（3）若环己烷与水微有互溶性，则溶解度曲线的两端能否到达三角形的两顶点？

（4）M、N、P、Q 等点在绘制相图时需要标记出来吗？

（5）绘制双液系气-液平衡相图时取样体积无需十分准确，但本实验中各组分体积则必须准确移取和读取，这是为什么？

（6）讨论实验所得相图各部分的相数和自由度数。

（7）如何测绘两共轭液相的连结线？ 如结线不通过系统点，其原因可能是什么？

附　注

（1）部分互溶相图在液-液萃取操作中有重要应用。例如，石油工业中某些芳烃和烷烃的沸点相差不大，经常形成恒沸物，用一般精馏方法无法分离，需用二甘醚、环丁砜等溶剂进行萃取。

（2）乙醇-苯-水三液系相图相对易做（参阅杨百勒主编《物理化学实验》），但因苯有毒，故未选用，而改用乙醇-环己烷-水三液系，既大大降低毒性，又与前一实验的乙醇-环己烷双液系相关联。

（3）结线绘制可参阅罗澄源等编《物理化学实验》和孙尔康等编《物理化学实验》。

实验十　金属相图

一、目的

(1) 掌握热分析法的测量原理和技术，了解相关测量温度的方法。

(2) 绘制锡-铋二组分金属相图，确定其低共熔点温度和低共熔混合物组成。

二、基本原理

金属相图一般用热分析法绘制。这种方法是通过观察定压下被研究试样的温度随时间的变化关系，来判断有无相变的发生。通常的做法是先将一定组成的样品加热熔融成一均匀液相，然后让其缓慢均匀冷却，并每隔一定时间（如 0.5 min）记录一次温度，作温度-时间曲线，称冷却曲线或步冷曲线。当样品均匀冷却时，若没有相变，则温度随时间的变化将是均匀的，冷却也较快；若有相变，则由于有相变热产生，温度随时间的变化速度将发生改变，冷却速度减慢，步冷曲线就出现转折或水平段。转折点或水平段所对应的温度即为该样品的相变温度。通过测定一系列不同组成样品的步冷曲线，从中找出相应的相变温度，即可绘出其温度-组成相图（如图Ⅱ-20）。

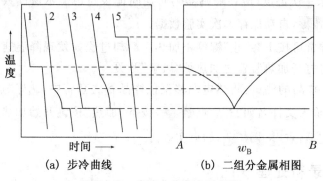

(a) 步冷曲线　　　　(b) 二组分金属相图

图Ⅱ-20　步冷曲线与金属相图

锡-铋二组分系统可视为简单低共熔系统，其相图是二组分系统相图中最简单的一类。

用热分析法测绘相图时，被测样品必须时时处于或接近相平衡状态。因此，样品的冷却速度必须足够慢，才能得到较好的结果。

热分析法中温度的测量大都采用热电偶或铂电阻温度计。

三、仪器和试剂

1. 仪器

JX-3D金属相图控制器（含热电偶）（南京大学应用物理研究所），金属相图加热装置（南京大学应用物理研究所），不锈钢样品管 6 支，玻璃小套管 6 支，带孔橡胶塞 6 个，台秤，计算机，打印机。

2. 试剂

锡，铋，石蜡油。

四、操作步骤

(1) 安装连接实验装置。

(2) 用台秤称量配制铋的质量分数 w_{Bi} 分别为 0％（纯锡）、20％、40％、58％、80％、100％（纯铋）的锡、铋混合物各 100 g，装入样品管，并各加入 3 mL 石蜡油（或石墨粉），以防金属氧化。

(3) 将样品管置于加热装置之加热炉（一共有十个）炉座上，在样品管中插入玻璃套管（注意插入深度在样品中部偏下），在套管中加少许石蜡油以改善其导热性能，用橡胶塞固定套管并塞紧样品管。在待测样品管之玻璃套管中插入热电偶，将加热装置之"加热选择"旋钮旋至待测样品管所在炉号位置。

(4) 接通控制器电源，打开电源开关，预热 3 min。按下控制器之"设置"按键设置好工作参数（一般无需设置而采用默认值）。

(5) 开计算机，运行"金属相图.exe"程序，点 打开串口 并正确选择串口（一般为串口 1）→点菜单 坐标设定 设置好坐标（可设宽一些以便完整记录）→ 开始实验 →输入文件名如"1"（在整个文件名框中输入1）后点 保存，系统即开始记录温度-时间曲线。按下控制器之"加热"按键开始加热，到设定温度自动停止加热（此时应让样品完全混匀），随即缓慢冷却，此后每隔 30 s 记录一次温度（应在蜂鸣器鸣叫期间记录左边显示窗读数）。观察到所需实验现象后点 实验结束，自动保存本次实验数据。

加热时如有异常可按下"停止"键停止加热。冷却过程如发现降温速度太快可按下"保温"按键，太慢则可打开加热装置之加热炉"风扇"开关。

(6) 开始下一样品的测试：将热电偶移至该样品管之套管中，调好"加热选择"旋钮，点菜单 开始实验 →输入文件名如"2"后点 保存，按下"加热"按键开始加热，如上操作记录数据。所有样品测完后，点 退出实验，结束实验。

五、数据记录和处理

(1) 将不同组成样品在冷却过程中的温度随时间的变化数据记入下表，作步冷曲线：

时间/min w_{Bi}　温度/℃											
0％											
20％											
40％											
58％											
80％											
100％											

(2) 从步冷曲线上读出各组成样品的水平段温度和拐点温度，绘制锡-铋二组分金属相

图,标出相图中各相区的稳定相,确定低共熔点温度和低共熔混合物组成。数据记入下表。

w_{Bi}	0%	20%	40%	58%	80%	100%
水平段温度/℃						
拐点温度/℃						
低共熔点温度/℃			低共熔混合物组成 w_{Bi}			

注:也可直接用系统软件作图:① 绘制步冷曲线:在所有样品测完后,点 坐标设定 设置好坐标→点 添加数据文件 添加实验数据→读出各组成样品的水平段温度和拐点温度;② 绘制相图:点 二组分相图绘制 →按样品组成顺次输入各样品组成、水平段温度、拐点温度(每输一个数均需按计算机键盘 Enter 键)(或点 打开 打开现有文件),输入文件名如"1"并点 保存 → 确认 → 打印实验结果 →输出结果。

六、实验要点和注意事项

(1) 实验中要注意套管插入样品的深度,并保持其位置固定,以使热电偶测温点恒定。热电偶热端应插入套管底部,套管内应加少许石蜡油盖没热端,以改善其导热性能。热电偶冷端温度应保持恒定,通常将其置于冰水混合物中(本实验装置将其置于室温环境)。

(2) 控制冷却速率约 5~7℃/min 均匀冷却,并不时轻微转动套管搅拌样品以防止产生过冷现象。

(3) 实验过程样品总组成不能发生变化,要防止挥发、氧化或熔入其他杂质等。

(4) 加热最高温度高于熔点 50℃ 即可,设定值因温度测量滞后过冲,可比所需最高温度低 20℃。加热到样品熔融后要充分搅匀。测试时若发现温度超过所需最高温度还在上升,应立即按下 停止 按键或关闭电源,排除故障后再通电。实验所用炉子加热允许的最高温度是 420℃(设置值若超过 400℃ 将默认为 300℃)。温度过高还导致石蜡油沸腾、蒸发、分解、炭化,污染环境和样品,并使样品氧化。若实验测温使用铂电阻,其最高使用温度为 500℃。

(5) 切勿用手直接触碰处于高温下的加热炉、样品管、套管和热电偶热端。

七、思考和讨论

(1) 试查阅资料回答:热电偶测量温度的原理是什么? 为什么要保持冷端温度恒定?

(2) 熔融体冷却过程为什么要缓慢进行? 可否用加热曲线来作相图? 为什么?

(3) 为什么在不同组成熔融体的冷却曲线上最低共熔点的水平段长度不同?

(4) 有一失去标签的 Sn – Bi 合金样品,用什么方法可以确定其组成?

> **附 注**
>
> (1) 本实验所用金属铋价格较昂,可改用价廉易得的锌,但锌的熔点为 419℃,稍显偏高,易超出仪器允许范围。实验不宜选用铅、镉等污染性金属。
>
> (2) 本实验也可预先将样品配好后装入不锈钢样品管,然后插入不锈钢套管,再将样品管和套管焊接密封,制成预加样密封管。这样,既可避免金属蒸气尤其有毒害蒸气污染空

气,改善实验环境,又可固定套管从而固定热电偶测温点位置,还可节省样品尤其较贵重金属样品的使用。

（3）JX-3D金属相图控制器的前后面板如图Ⅱ-21所示。该装置可设定控制升温、保温、降温速率,并可实现定时报警读数。前面板上的四个按键具有复用性,正常工作方式下,左右两个显示窗分别显示当前温度和加热功率,四个按键的功能分别为"设置"、"加热"、"保温"、"停止"。按下"设置"键进入设置状态,反复按此键选择设置菜单项目（即左边显示窗显示,有C1—加热最高温度、P1—加热功率、P2—保温功率、t1—定时报警时间间隔、n—蜂鸣器开关,一般采默认值300℃、400 W、40 W、30 s、1鸣叫）,设置状态下后面三个按键的功能变为"数据×10"、"数据＋1"、"数据－1",可对所选项目设定数值（即右边显示窗显示）。

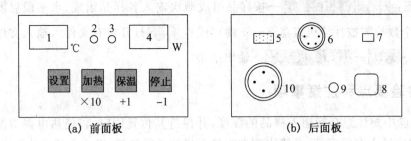

图Ⅱ-21　JX-3D金属相图控制器面板图

1—温度/菜单显示窗;2—定时报警指示灯;3—加热指示灯;4—功率/数值显示窗;5—串行口接口;6—热电偶输入;7—电源开关;8—电源插座;9—热电偶传感器输入;10—电源输出（接加热装置"电源输入"）

电化学实验部分

实验十一　离子迁移数的测定

一、目的

（1）了解迁移数的含义，掌握希托夫（Hittorf）法测定迁移数的原理和操作方法。

（2）测定 $CuSO_4$ 溶液中 Cu^{2+} 和 SO_4^{2-} 的迁移数。

二、基本原理

电解质溶液依靠离子的定向迁移而导电，其导电任务由正、负离子共同承担。由于正、负离子的迁移速率、所带电荷不同，因此它们分担的导电任务也不同。所谓离子迁移数 t_B，就是该离子 B 所负担传递的电量 Q_B 在通过溶液的总电量 Q 中所占的比值，即

$$t_B = \frac{Q_B}{Q} \tag{1}$$

对单一电解质溶液，因 $Q = Q_+ + Q_-$，故 $t_+ + t_- = 1$。

根据法拉第（Faraday）定律，物质的反应量与通过的总电量成正比，同理，物质的迁移量也与其负担传递的电量成正比，因此

$$t_B = \frac{Q_B}{Q} = \frac{n_{迁}}{n_{反}} \tag{2}$$

当电流通过电解质溶液时，溶液中同时发生着两种不同的过程：一是正、负离子在电场作用下分别向阴、阳两极定向迁移；二是阴、阳两极分别发生还原、氧化反应。由于离子迁移和电极反应，使得两极区的电解质溶液浓度发生变化。只要测得两极区电解质溶液浓度的变化值，并用电量计测定通过溶液的总电量，即可由物料平衡算出离子的迁移量，进而求得离子的迁移数。希托夫法就是根据这一原理设计的。

现以 Cu 电极电解 $CuSO_4$ 溶液为例说明如下：

考虑阳极区。设电解前所含 Cu^{2+} 的量为 $n_{前}$，电解后所含 Cu^{2+} 的量为 $n_{后}$。阳极区电解前后 Cu^{2+} 的量之所以发生变化，其原因有二：一是由于迁移（Cu^{2+} 从阳极区向阴极区迁移）使 Cu^{2+} 减少 $n_{迁}$；二是由于反应（阳极 Cu 氧化成 Cu^{2+} 进入溶液）使 Cu^{2+} 增加 $n_{反}$。因此

$$n_{后} = n_{前} - n_{迁} + n_{反}$$

即

$$n_{迁} = n_{前} - n_{后} + n_{反} \tag{3}$$

若考虑阴极区，则由于迁移（Cu^{2+} 从阳极区向阴极区迁移）使 Cu^{2+} 增加 $n_{迁}$，又由于反应（阴极 Cu^{2+} 还原成 Cu 析出）使 Cu^{2+} 减少 $n_{反}$。因此

$$n_{后} = n_{前} + n_{迁} - n_{反}$$

即

$$n_{迁} = n_{后} - n_{前} + n_{反} \tag{4}$$

$n_{前}$、$n_{后}$ 可用化学法测量，$n_{反}$ 可由串联在电路中的电量计测得，据此可求得阳极区或阴极区 Cu^{2+} 的迁移量，再由（2）式求得 Cu^{2+} 的迁移数。SO_4^{2-} 的迁移数由下式得到：

$$t_{SO_4^{2-}} = 1 - t_{Cu^{2+}} \tag{5}$$

三、仪器和试剂

1. 仪器

三室迁移管,迁移管固定架,铜电极,精密稳流电源,铜电量计,碱式滴定管,锥形瓶 4 只,金相砂纸,电子天平。

2. 试剂

$0.05\ mol \cdot L^{-1}$ CuSO$_4$ 溶液,$0.050\ 0\ mol \cdot L^{-1}$ Na$_2$S$_2$O$_3$ 标准溶液,KI 溶液($w=0.1$),淀粉指示剂($w=0.005$),$1\ mol \cdot L^{-1}$ HAc 溶液,$1\ mol \cdot L^{-1}$ HNO$_3$ 溶液,乙醇。

四、操作步骤

(1)用水洗净迁移管并用少量 CuSO$_4$ 溶液荡洗两次,将其安装到固定架上,充满 CuSO$_4$ 溶液,将已处理清洁的两电极浸入(表面如有氧化层用细砂纸打磨,浸入前也需用 CuSO$_4$ 溶液淋洗),管内不能有气泡。

(2)将铜电量计中的阴极铜片取下(铜电量计中有三片铜片,中间那片为阴极,电镀液为特别配制的硫酸铜溶液),用细砂纸磨光除去表面氧化层,水洗后在稀 HNO$_3$ 溶液中浸泡几分钟,然后水洗、醇洗、吹干,称其质量后装回电量计中。如图 Ⅱ-22 所示安装连接实验装置(注意电量计阴、阳极切勿接错)。

(3)接通电源,按下"稳流"键,调节电流为 20 mA,连续通电 90 min。停止通电后,立即关闭玻璃活塞,使三室隔开,以免扩散。

(4)迅速将全部阴极区、阳极区、中间区溶液及适量原 CuSO$_4$ 溶液分别放入四个已知质量的洁净干燥锥形瓶中,以备称量、滴定。从电量计中取出阴极铜片,水洗、醇洗并吹干,称其质量。

(5)称出上述四锥形瓶的质量,求出四份溶液的质量。在各瓶中加入 KI 溶液 10 mL、稀 HAc 溶液 10 mL,用标准 Na$_2$S$_2$O$_3$ 溶液滴定,滴至淡黄色,再加入 1 mL 淀粉指示剂,滴至蓝紫色消失。记下消耗标准 Na$_2$S$_2$O$_3$ 溶液的体积。

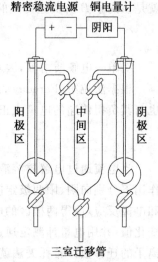

图Ⅱ-22　希托夫法测离子迁移数装置

五、数据记录和处理

(1)实验数据和结果记入下表:

$c(\text{Na}_2\text{S}_2\text{O}_3)/(\text{mol} \cdot \text{L}^{-1}) = \underline{\hspace{2cm}}$。

电量计阴极铜片分析	$m_{前}$/g=	$m_{后}$/g=	$m_{反}$(Cu)/g=	$m_{反}$(CuSO$_4$)/g=
迁移管溶液分析	原 CuSO$_4$ 溶液	中间区溶液	阴极区溶液	阳极区溶液
m(锥形瓶)/g				
m(锥形瓶+溶液)/g				
m(溶液)/g				

（续表）

迁移管溶液分析	原 $CuSO_4$ 溶液	中间区溶液	阴极区溶液	阳极区溶液
$V(Na_2S_2O_3)/mL$				
$m_后(CuSO_4)/g$				
$m(H_2O)/g$				
通电前相同质量水中含 $m_前(CuSO_4)/g$				
$m_迁(CuSO_4)/g$	/	/		
$t(Cu^{2+})$	/	/		
$t(SO_4^{2-})$	/	/		

（2）由电量计阴极铜片的增重量,得到以铜的质量计的反应量 $m_反(Cu)$,然后折合成以硫酸铜的质量计的反应量 $m_反(CuSO_4)$:

$$m_反(CuSO_4)=m_反(Cu)\times\frac{159.6}{63.55}$$

（3）从迁移管各区电解后溶液及原 $CuSO_4$ 溶液滴定分析结果得到各溶液的组成:

$$m_后(CuSO_4)=(c \cdot V)_{Na_2S_2O_3}\times\frac{159.6}{1\,000}$$

$$m(H_2O)=m(溶液)-m_后(CuSO_4)$$

（4）计算各区溶液中相同质量的水中在电解前所含硫酸铜的质量 $m_前(CuSO_4)$ 。比较中间区溶液的浓度在通电前后有无改变,如改变需重做实验。根据（4）、（3）两式计算阴极区、阳极区 Cu^{2+} 迁移量(以硫酸铜的质量计) $m_迁(CuSO_4)$ 。根据（2）、（5）两式计算两极区 Cu^{2+} 、 SO_4^{2-} 的迁移数,对两极区的计算结果进行比较、分析(若相差较大也应重做实验)。

六、实验要点和注意事项

（1）实验所用铜电极必须是纯度为 99.999% 的电解铜。

（2）实验过程中凡是能引起溶液扩散、搅动的因素都应尽量避免,迁移管及电极不能有气泡,两极上的电流密度不能太大。

（3）本实验由铜电量计的阴极铜片增重计算反应量,因此称量及前处理都很重要,需仔细进行。

七、思考和讨论

（1）通过电量计阴极的电流密度为什么既不能太大也不能太小?

（2） $0.05\ mol \cdot L^{-1}\ CuSO_4$ 溶液和 $0.05\ mol \cdot L^{-1}\ FeSO_4$ 溶液中, SO_4^{2-} 的迁移数是否相同? 为什么?

（3）影响离子迁移数的因素主要有哪些?

附　注

（1）离子迁移数的测定方法有多种，常用的有：希托夫法、界面移动法和电动势法。界面移动法虽然原理简明，精度较好，但对许多离子要获得清晰的界面往往不甚容易，需要借助于其他试剂，操作要求高。电动势法需要对同一体系组装成有液接电势和无液接电势的两组电池，测量仪器复杂，操作繁琐，且有液接电势的电池还存在电动势测量重现性差等不足，因而测量结果的可靠性难以保证。希托夫法是较古老的测定离子迁移数的方法，尽管该法要配置电量计及进行繁多的溶液分析工作，但其原理简明，方法简便，适用面广，故一直受到人们的重视。

希托夫法有两个假设：一是电的输送者只是电解质的离子，溶剂水不导电，这与实际情况接近；二是不考虑离子水化作用，这与实际情况不同。实际由于离子水化且正、负离子所带水量不一定相同，因此水也是移动的，两极区溶液浓度的变化部分是由于水迁移所引起的，故该法所测定的是表观离子迁移数。

（2）希托夫法中，若通电前后中间区溶液的浓度有变，则说明溶液本身不稳定，还在流动，测得的将是溶液在此状态下的运动与离子迁移两种运动的叠加结果，准确度大大降低，故需重测。

（3）本实验所用的三室迁移管也可以是直型迁移管，但其阴、阳极位置不能颠倒，阴极在上方（参阅孙尔康等编《物理化学实验》和淮阴师范学院化学系编《物理化学实验》）。

实验十二　电导的测定及应用

一、目的

（1）了解溶液的电导、电导率和摩尔电导率的概念。

（2）测定弱电解质 HAc 溶液的电导率，求算其电离度和电离常数。

（3）掌握电导率仪的使用方法。

二、基本原理

电解质溶液的导电性能常用电导 G、电导率 κ 和摩尔电导率 Λ_m 表示，三者之间有如下关系：

$$\Lambda_m = \frac{\kappa}{c} = \frac{G \cdot K}{c} \tag{1}$$

式中：c 为溶液浓度；K 为电导池常数。

电解质溶液是靠正、负离子的迁移来导电的。在弱电解质溶液中，只有已电离部分才能承担传递电量的任务。在无限稀溶液中可认为弱电解质已全部电离，此时，溶液的摩尔电导率称为极限摩尔电导率 Λ_m^∞，其值可由其正、负离子的极限摩尔电导率相加而求得。

一定浓度下的摩尔电导率 Λ_m 与无限稀溶液的极限摩尔电导率 Λ_m^∞ 是有区别的。这种区别主要由两个因素所造成：一是电解质溶液的不完全离解；二是离子间存在着相互作用。对弱电解质溶液，有

$$\frac{\Lambda_m}{\Lambda_m^\infty} = \alpha \frac{(U_+ + U_-)}{(U_+^\infty + U_-^\infty)} \tag{2}$$

式中：α 为电离度；U 为离子电迁移率（也称离子淌度）。若 $U_+^\infty = U_+$，$U_-^\infty = U_-$，则

$$\frac{\Lambda_m}{\Lambda_m^\infty} = \alpha \tag{3}$$

1∶1 型弱电解质在溶液中电离达到平衡时，电离平衡常数 K_c、浓度 c（以 mol·L^{-1} 为单位）、电离度 α 之间有如下关系：

$$K_c = \frac{c\alpha^2}{1-\alpha} \tag{4}$$

Λ_m 可通过实测电导率而求得，Λ_m^∞ 则可根据离子独立运动定律，由离子的极限摩尔电导率计算得到，从而求得电离度 α 及电离常数 K_c。

电导的测定除用惠斯通（Wheatstone）交流电桥外，还常用电导仪进行。本实验使用 DDS－11A 型电导率仪，它是基于"电阻分压"原理的一种不平衡测量方法。将电导电极置于待测溶液中，其电导率值通过电子线路处理后，直接通过表头或数字显示出来。

三、仪器和试剂

1. 仪器

DDS－11A 型电导率仪，恒温槽，电导池，10 mL 移液管 2 支。

2. 试剂

0.100 0 mol·L^{-1} 醋酸溶液，电导水。

四、操作步骤

(1) 调节恒温槽温度为(25.0 ± 0.1)℃。

(2) 移取 20 mL、0.100 0 mol·L^{-1}醋酸溶液注入洁净干燥的电导池中,测其电导率。

(3) 用吸取醋酸的移液管从电导池中取出 10 mL 溶液弃去,再用另一支移液管取 10 mL 电导水注入电导池,混合均匀,待温度恒定后测其电导率。如此操作,共稀释 4 次。

(4) 倒去醋酸,洗净电导池,最后用电导水淋洗。注入 20 mL 电导水,测其电导率。

五、数据记录和处理

实验数据和结果记入下表:

$c(HAc)/(mol·L^{-1})$	0.100 0	0.050 00	0.025 00	0.012 50	0.006 25	0(电导水)
$\kappa/(S·m^{-1})$						
$\Lambda_m/(S·m^2·mol^{-1})$						/
$\Lambda_m^\infty/(S·m^2·mol^{-1})$						/
α						/
K_c						/
$\overline{K_c}$						/

已知:25℃时,无限稀溶液中的离子极限摩尔电导率为:

$\Lambda_m^\infty(H^+)=0.034\,982$ S·m^2·mol^{-1},$\Lambda_m^\infty(Ac^-)=0.004\,09$ S·m^2·mol^{-1}。

六、实验要点和注意事项

(1) 本实验配制溶液时,均需用电导水(电导率应不大于1×10^{-4} S·m^{-1})。普通蒸馏水中常溶有 CO$_2$ 等杂质而存在一定电导,故实验所测电导值是待测电解质和水的电导的总和。作电导实验时需纯度较高的水,称电导水,其制备方法通常是在蒸馏水中加少许高锰酸钾,用石英或硬质玻璃蒸馏器再蒸馏一次。

(2) 温度对电导有较大影响(温度每升高 1℃,电导平均增加约 1.9%),所以整个实验必须在同一温度下进行。每次测定前应将待测液置于恒温槽中充分恒温(不少于 10 min)。最好使用带恒温夹层的容器作电导池。

(3) 铂黑电极要轻拿轻放,切勿触碰铂黑,更不能用纸或布擦。铂黑电极不用时,应保存在蒸馏水中。

(4) 测量低电导率试液如水时,应使用光亮铂电极,动作要迅速。

七、思考和讨论

(1) 本实验为何要测水的电导率?

(2) 实验中为何通常都用镀铂黑电极?铂黑电极使用时应注意些什么?为什么?

（3）电导、电导率、摩尔电导率与电解质的浓度有何关系？弱电解质的电离度、电离常数分别与哪些因素有关？电导测定还有哪些方面的应用？

（4）弱电解质的极限摩尔电导率可否通过实验作 $\Lambda_m - c$ 图，外推至 $c \to 0$ 而求得，为什么？

实验十三　电池电动势的测定及应用

一、目的

（1）学会铜电极、锌电极和盐桥的制备和处理方法。

（2）掌握对消法测定电池电动势的原理和电位差计的使用方法。

（3）测定若干电池的电动势，计算电极电势和电池反应的热力学性质。

二、基本原理

电池是把化学能转变为电能的装置，它由两个"半电池"组成，每个半电池包含一个电极和相应的电解质溶液。电池电动势即组成电池的两个电极（正极和负极）电势之差，即

$$E = \varphi_+ - \varphi_- \tag{1}$$

电池在放电时，正极发生还原反应，负极发生氧化反应，两极反应的总和即电池反应。以锌-铜电池即丹聂尔（Daniell）电池为例。该电池可以表达为（负极在左，正极在右）：

$$Zn \mid ZnSO_4(a_1) \parallel CuSO_4(a_2) \mid Cu$$

负极反应：　　　　　　$Zn - 2e^- \rightarrow Zn^{2+}$

正极反应：　　　　　　$Cu^{2+} + 2e^- \rightarrow Cu$

电池反应：　　　　　　$Zn + Cu^{2+} \rightleftharpoons Zn^{2+} + Cu$

根据能斯特（Nernst）方程，该电池电动势与各反应物质活度的关系为：

$$E = E^{\ominus} - \frac{RT}{zF} \ln J_a = E^{\ominus} - \frac{RT}{2F} \ln \frac{a_{Cu} \cdot a_{Zn^{2+}}}{a_{Cu^{2+}} \cdot a_{Zn}} \tag{2}$$

$$= E^{\ominus} - \frac{RT}{2F} \ln \frac{a_{Zn^{2+}}}{a_{Cu^{2+}}} （纯固体、汞、溶剂水的活度均为1）$$

式中：z 为电池反应的得失电子数；J_a 为电池反应的活度商（即产物与反应物的活度之比）。

类似地，电极电势与电极反应物质活度的关系为：

$$\varphi = \varphi^{\ominus} + \frac{RT}{zF} \ln \frac{a_{Ox}}{a_{Red}} \tag{3}$$

式中：z 为电极反应的得失电子数；a_{Ox}、a_{Red} 分别为电极反应中氧化态、还原态一侧所有物质的活度积。

据此，通过设计可逆电池，测定电池电动势即可求得有关物质的活度（如 pH）、活度系数、溶解度、标准电动势 $E^{\ominus}$ 等，还可根据下列式子求得电池反应的热力学性质：

$$\left. \begin{array}{l} \Delta_r G_m = -zFE \\[4pt] \Delta_r G_m^{\ominus} = -zFE^{\ominus} = -RT\ln K^{\ominus} \\[4pt] \Delta_r S_m = zF\left(\dfrac{\partial E}{\partial T}\right)_p \\[4pt] \Delta_r H_m = \Delta_r G_m + T\Delta_r S_m \\[4pt] Q_{r,m} = T\Delta_r S_m \end{array} \right\} \tag{4}$$

电池电动势不能直接用伏特计来测量，因为当把伏特计与待测电池接通后，整个线路上

便有电流通过，电极的平衡状态即受到破坏，产生极化现象，而且由于电池放电，使得电池中溶液的组成不断发生变化，改变了原来电池的性质。另外，由于电池本身存在内阻而产生电位降。因此，用伏特计所量出的只是电池的端电压，而非电动势。只有在没有电流通过时才能测得电池真正的电动势，因此，测定电池电动势采用对消法（或称补偿法），即在外电路上加一个方向相反而电动势几乎相等的电池，以确保测量回路中没有电流或电流无限小。电位差计就是根据这一原理设计用来测量电池电动势的仪器。EM-2B 数字式电子电位差计如图Ⅱ-23 所示。

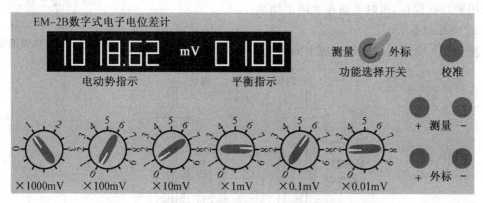

图Ⅱ-23　EM-2B 数字式电子电位差计

另外，当两种电极的不同电解质溶液接触时，在溶液的界面上总有液体接界电势存在，从而影响电动势测量的准确性。因此，在电动势测量时，常用"盐桥"连接，使原来产生明显液接电势的两种溶液彼此不直接接触，从而尽可能降低液接电势到毫伏数量级以下。常用的盐桥有 3 mol·L^{-1}或饱和的 KCl、KNO$_3$、NH$_4$NO$_3$ 等溶液。严格说来，由于接界处溶液扩散的不可逆性，有液体接界的电池都是不可逆的，用盐桥连接时则可近似视为可逆。

三、仪器和试剂

1. 仪器

EM-2B 数字式电子电位差计，韦斯顿标准电池（或 SU-1A 精密稳压电源），电极管 4 只，U 形管，饱和甘汞电极，AgCl 电极，锌电极，铜电极，纯铜片，小烧杯，精密稳流电源。

2. 试剂

0.100 mol·L^{-1} ZnSO$_4$ 溶液，0.100 mol·L^{-1} CuSO$_4$ 溶液，KCl，琼脂，镀铜液（100 mL 水中溶解 15 g CuSO$_4$·5H$_2$O、5 g H$_2$SO$_4$、5 g C$_2$H$_5$OH），饱和 Hg$_2$(NO$_3$)$_2$ 溶液。

四、操作步骤

1. 电极和盐桥制备

（1）锌电极：用细砂纸或 3 mol·L^{-1}硫酸清理锌棒以除去表面氧化层，取出后水洗并用蒸馏水淋洗，然后浸入饱和硝酸亚汞溶液中 3～5 s，使锌电极表面形成一薄层均匀的锌汞齐，用滤纸或用镊子夹住一小团清洁湿棉花轻轻擦拭（用过的滤纸或棉花应投入指定的有盖盛水玻璃瓶中），再用蒸馏水淋洗。

（2）铜电极：用细砂纸或 6 mol·L^{-1}硝酸清理铜棒以除去表面氧化层，取出后水洗并用蒸馏水淋洗,然后将它作为阴极,另取一纯铜片作为阳极,在镀铜液中电镀 30 min(调节精密稳流电源使电极上电流密度约 20 mA·cm^{-2}),使铜电极表面形成一层致密均匀的铜镀层,提高重现性。镀毕,取出水洗并用蒸馏水淋洗干净。电镀铜装置如图Ⅱ-24 所示。

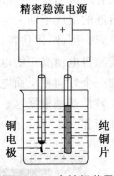

图Ⅱ-24　电镀铜装置

(3) 饱和 KCl 盐桥:在 100 mL 饱和 KCl 溶液中加入 3 g 琼脂,煮沸,趁热用滴管将它灌入干净的 U 形管中,U 形管中以及管两端不能留有气泡,否则会造成断路。溶液冷凝后应为不流动的软胶。多余溶液用磨口瓶保存,用时重新在水浴上加热。

2. 电池组合

按图Ⅱ-25 所示方法组合成下列电池:

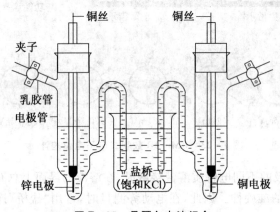

图Ⅱ-25　丹聂尔电池组合

(1) 锌-铜电池(丹聂尔电池):Zn│ZnSO$_4$(0.100 mol·L^{-1})‖CuSO$_4$(0.100 mol·L^{-1})│Cu

(2) 锌-甘汞电池:Zn│ZnSO$_4$(0.100 mol·L^{-1})‖KCl(饱和)│Hg$_2$Cl$_2$,Hg

(3) 甘汞-铜电池:Hg,Hg$_2$Cl$_2$│KCl(饱和)‖CuSO$_4$(0.100 mol·L^{-1})│Cu

(4) 氯化银-甘汞电池:Ag,AgCl│KCl(饱和)‖Hg$_2$Cl$_2$,Hg

电池的组装有多种方法:电极管加烧杯(作盐桥),烧杯(插电极)加 U 形管(作盐桥),或用 H 型管等。

3. 电池电动势测量

(1) 仪器校准:根据标准电池电动势与温度的函数关系算出当前室温下标准电池的电动势,并将电子电位差计的电动势旋钮调到此电动势值;将功能选择开关打向"外标"挡,标准电池接"外标"接线柱;接通电源,按"校准"按钮,使平衡指示值为 0。

(2) 电动势测量:将功能选择开关打向"测量"挡,待测电池接"测量"接线柱,接通电源,调节电动势旋钮,使平衡指示值为 0,此时的电动势值即为待测电池的电动势。测量上述四组电池的电动势,每组电池测 3 次,取平均值。氯化银-甘汞电池需分别测其在 25℃、35℃时的电动势。

五、数据记录和处理

(1) 实验数据记入下表:

序 号	电 池	温 度	电动势 E/V			
			1	2	3	平均
1	锌-甘汞电池	室温				
2	甘汞-铜电池	室温				
3	锌-铜电池	室温				
4	氯化银-甘汞电池	25℃				
5		35℃				

（2）根据所测得的锌-甘汞和甘汞-铜电池的电动势，以及饱和甘汞电极室温时的电极电势，计算锌电极和铜电极室温时的电极电势。

（3）已知 25℃时 0.100 mol·L^{-1} CuSO$_4$ 溶液中 Cu^{2+} 的活度系数为 0.16，0.100 mol·L^{-1} ZnSO$_4$ 溶液中 Zn^{2+} 的活度系数为 0.15，根据上面所得的电极电势计算锌电极和铜电极的标准电极电势，并与文献值进行比较。

（4）根据相关数据计算上述锌-铜电池的电动势，并与实验值进行比较。

（5）写出氯化银-甘汞电池的电池反应；根据该电池在不同温度下测得的电动势，计算其电动势的温度系数 $\left(\dfrac{\partial E}{\partial T}\right)_p$；计算该电池反应 25℃时的 $\Delta_r G_m$、$\Delta_r S_m$ 和 $\Delta_r H_m$，并和文献值进行比较。

六、实验要点和注意事项

（1）铜、锌电极应认真处理表面，做到平整光亮。处理好后不宜在空气中暴露时间过长，应尽快清洗并用相应电极液淋洗，置于电极管内的电极液中，放置半小时，待其平衡再进行测量。电极表面及组成电池的两电极管的虹吸管部位不能有气泡。电极液液面高度不得超出镀铜或汞齐的高度。

（2）掌握正确使用电位差计的方法对准确测量电池电动势极为重要，测量前可先估算一下被测电池电动势的大小，以便在测量时能迅速找到平衡点，在寻找平衡点时，按键时间应尽量短，以避免电极极化。

（3）连接线路时，切勿将正、负极接反。

（4）标准电池不能晃动，更不能倒置，也不能用作电源，测量时间必须短暂。

（5）盛放溶液的烧杯须洁净干燥或用该溶液荡洗。所用电极也应用该溶液淋洗或洗净后用滤纸轻轻吸干，以免改变溶液浓度。

七、思考和讨论

（1）对消法测量电动势的基本原理是什么？测量中电位差计、标准电池、工作电池、检流计各有什么作用？为什么不能用伏特计或万用电表测量电池电动势？

（2）参比电极应具备什么条件？它有什么功用？

（3）盐桥的作用是什么？作为盐桥的电解质有何要求？

（4）实验中氯化银-甘汞电池为什么不用盐桥？其所测电动势是否与电池中 KCl 的浓

度有关？计算所得的该电池反应的热力学性质是否就是标准热力学性质？为什么？

附　注

（1）制备锌电极要汞齐化，不能直接用锌棒做电极。这是因为锌棒中不可避免会含有其他金属杂质，在溶液中将形成微电池，且锌是活泼金属，易与水作用而氧化。如果直接用锌棒做电极，将严重影响测量结果的准确度和重现性。锌汞齐化可使锌原子扩散在惰性金属汞中，处于饱和的平衡状态，因饱和溶液中溶质的化学势与纯溶质的化学势相等，故饱和锌汞齐电极的电势与锌电极的电势相同，此时锌的活度仍为1。氢在汞上的超电势较大，实验条件下不会释放出氢气。

（2）电动势法有着非常广泛的应用。通过可逆电池电动势的测定可以求得平衡常数、溶解度、活度、活度系数、迁移数、热力学函数等。实验室中常用的酸度计、离子计、自动电势滴定仪等都是电动势测定实际应用的常见例子。严格地，只有可逆电池的电动势才有热力学价值，但就实际应用（如pH测定、电势滴定等）来说，并不要求全是可逆电池。

动力学实验部分

实验十四　过氧化氢分解反应（量气法）

一、目的

(1) 熟悉一级反应的特点，了解浓度、温度、催化剂等对反应速率和速率常数的影响。

(2) 学习用量气法研究过氧化氢的分解反应，学会用作图法求一级反应的速率常数。

二、基本原理

过氧化氢水溶液在室温下，没有催化剂存在时，分解反应进行得很慢，但在含有催化剂 I^- 的中性溶液中，其分解速率大大加快，其反应计量式为：

$$2H_2O_2 \Longrightarrow 2H_2O + O_2(g)$$

反应机理为：

$$H_2O_2 + I^- \longrightarrow H_2O + IO^- \qquad k_1 \quad (慢) \qquad (1)$$

$$H_2O_2 + IO^- \longrightarrow H_2O + O_2(g) + I^- \qquad k_2 \quad (快) \qquad (2)$$

整个反应的速率由慢反应(1)决定，故速率方程为：

$$-\frac{dc_{H_2O_2}}{dt} = k_1 c_{H_2O_2} c_{I^-}$$

因反应(2)进行得很快且很完全，I^- 的浓度始终保持不变，故上式可写成：

$$-\frac{dc_{H_2O_2}}{dt} = k c_{H_2O_2}$$

式中：$k = k_1 c_{I^-}$，故反应为表观一级反应；k 即为反应的表观速率常数。将上式积分得

$$\ln \frac{c_0}{c} = kt \qquad (3)$$

式中：c_0、c 分别为反应开始($t=0$)及反应进行到 t 时刻时 H_2O_2 的浓度。

反应物浓度下降一半(即 $c = c_0/2$)所需要的时间即反应的半衰期。由(3)式可得，一级反应的半衰期 $t_{1/2}$ 为：

$$t_{1/2} = \frac{\ln 2}{k} \qquad (4)$$

设 H_2O_2 完全分解时放出 O_2 的体积为 V_∞，反应 t 时放出 O_2 的体积为 V_t，则有 $c_0 \propto V_\infty$，$c \propto (V_\infty - V_t)$，代入(3)式，得

$$\ln \frac{V_\infty}{V_\infty - V_t} = kt \qquad (5)$$

据此，以 $\ln(V_\infty - V_t)$ 对 t 作图应得一直线，由直线斜率($-k$)即可求得 H_2O_2 分解反应的速率常数。若测定不同温度下的反应速率常数，则可由阿仑尼乌斯方程求得反应的活化能。

实验需测定反应不同时刻 O_2 的体积 V_t 及 H_2O_2 完全分解时 O_2 的体积 V_∞。V_∞ 可用下列方法之一求出。

(1) 加热法。在测定若干个 V_t 数据后,将 H_2O_2 溶液加热至 $50\sim60℃$ 约 $20\ \mathrm{min}$,可认为 H_2O_2 已分解完,待冷却至室温后,记下量气管的读数,即为 V_∞。

(2) 浓度标定法。用 $KMnO_4$ 标准溶液对 H_2O_2 原始浓度进行标定,O_2 近似按理想气体处理,则有

$$V_\infty = n_{O_2} \cdot \frac{RT}{p_{O_2}} = \frac{c_{H_2O_2} \cdot V_{H_2O_2}}{2} \cdot \frac{RT}{p_{O_2}}$$

式中,p_{O_2} 为 O_2 的分压,实验中为外界大气压与实验温度下水的饱和蒸气压之差。

(3) 作图法。以 V_t 对 $1/t$ 作图,外推至 $1/t \to 0$,其截距即为 V_∞。

本实验采用加热法测 V_∞。

三、仪器和试剂

1. 仪器

$100\ \mathrm{mL}$ 锥形瓶,分液漏斗,$50\ \mathrm{mL}$ 量气管(可用废旧滴定管代替),水位瓶,三通阀,橡胶管,$5\ \mathrm{mL}$、$10\ \mathrm{mL}$ 移液管各 1 支,磁力搅拌器,恒温槽。

2. 试剂

$2\%\ H_2O_2$,$0.1\ \mathrm{mol \cdot L^{-1}}$ KI。

四、操作步骤

(1) 按图 Ⅱ-26 所示安装连接实验装置。

(2) 分别用移液管取 $2\%\ H_2O_2$ 溶液 $5\ \mathrm{mL}$ 放入锥形瓶内,加水 $10\ \mathrm{mL}$,取 $0.1\ \mathrm{mol \cdot L^{-1}}$ KI 溶液 $10\ \mathrm{mL}$ 放入分液漏斗中。水位瓶中装入红色染料水,其水量要使水位瓶提起时,量气管和水位瓶中的水面能同时达到量气管的最高刻度处。将锥形瓶放入水浴杯内,使反应在室温下进行。

(3) 检查装置是否漏气。旋转三通阀于(a)位,高举水位瓶,让液体充满量气管,之后旋转三通阀到(b)位并把水位瓶放低。如量气管内液面在 $2\ \mathrm{min}$ 内保持不变,即表示系统不漏气,否则应检查漏气原因,设法排除。记录与水位瓶液面齐平时的量气管读数 V_a。

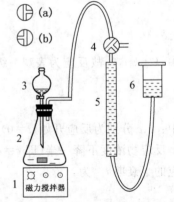

图Ⅱ-26 过氧化氢分解反应实验装置
1—磁力搅拌器;2—锥形瓶;3—分液漏斗;4—三通阀;5—量气管;6—水位瓶

(4) 开启搅拌器,将分液漏斗中的 $10\ \mathrm{mL}$ KI 溶液快速放入锥形瓶中,一俟放完立即关闭活塞并开始计时。初始体积为 $V_0 = V_a + 10$。以后每隔 $2\ \mathrm{min}$ 读取量气管读数一次,即 V_t(读数时一定要使水位瓶和量气管液面齐平),直至 $40\ \mathrm{min}$。

(5) 将锥形瓶在 $60℃$ 水浴中恒温 $20\ \mathrm{min}$,再冷至室温,读取量气管读数,即 V_∞。

五、数据记录和处理

（1）实验数据记入下表：

$T=$		$V_a=$		$V_0=$		$V_\infty=$		
t/min								
V_t/mL								
$(V_\infty-V_t)/\text{mL}$								
$\ln(V_\infty-V_t)$								

（2）以 $\ln(V_\infty-V_t)$ 对 t 作图，由直线斜率求出 H_2O_2 分解反应的速率常数，并求其半衰期。

六、实验要点和注意事项

（1）系统应气密性良好，不漏气。

（2）实验温度要保持恒定，最好使用带恒温夹层的反应器。

（3）水位瓶移动要平缓，每次读数时水位瓶和量气管液面要齐平。

（4）搅拌速度要适中。若有多次平行条件实验，则各次实验搅拌速度要尽量保持一致。

七、思考和讨论

（1）试推导反应过程中放出氧气的体积和过氧化氢的浓度之间的关系，并建立用氧气体积表示的速率方程。计算 5 mL 2% H_2O_2 溶液全部分解后放出氧气的体积。

（2）反应速率和速率常数分别与哪些因素有关？H_2O_2 和 KI 溶液的初始浓度对速率常数是否有影响？只改变 H_2O_2 初始浓度，其他条件不变，速率常数是否变化？为什么？本实验的速率常数与催化剂用量有无关系？

（3）测量 O_2 的体积时，为什么要确保量气管和水位瓶中的水平面一致？

（4）反应系统内原有空气对 O_2 体积的测定是否有影响？如以实际放出氧气体积计算，上述实验步骤中的 V_0、V_t、V_∞ 均应扣除初始体积（即 $V_0=V_a+10$），为什么在数据处理时不用扣除呢？

（5）实验中反应开始即计时，若计时提前或延后对实验结果有没有影响？为什么？

附　注

（1）除 KI 外，其他如 Ag、MnO_2、$FeCl_3$ 等也都是该分解反应的催化剂。实验中还可对反应物 H_2O_2 的浓度、催化剂 KI 的浓度、温度、催化剂种类等因素对反应速率和反应速率常数的影响进行研究。

（2）实验中所测体积都包含着水蒸气的体积，严格来说应予扣除，即

$$V_t=V_{t,测量}\left(1-\frac{p_水^*}{p_{大气}}\right)$$

但因校正因子相同，故扣除与否对反应速率常数并无影响。

实验十五　蔗糖水解反应（旋光度法）

一、目的

（1）根据物质的光学性质研究蔗糖水解反应，测定其反应速率常数。
（2）掌握旋光仪的使用方法。

二、基本原理

蔗糖在水中水解较慢，为使水解加速，反应常以 H^+ 为催化剂，故在酸性介质中进行。蔗糖水解反应方程式为：

$$C_{12}H_{22}O_{11}（蔗糖）+H_2O \xrightarrow{H^+} C_6H_{12}O_6（葡萄糖）+C_6H_{12}O_6（果糖）$$

该反应本质上是二级反应，其反应速率方程为：

$$-\frac{dc_{蔗糖}}{dt}=k'c_{蔗糖}c_水$$

水解反应中，水是大量的，反应过程中虽有部分水分子参加反应，但与溶质蔗糖的浓度相比，可认为其浓度没有变化，故上式可写成：

$$-\frac{dc_{蔗糖}}{dt}=kc_{蔗糖}$$

式中：$k=k'c_水$，此时反应表现为一级反应，k 即为其表观速率常数。将上式积分得

$$\ln \frac{c_0}{c}=kt \tag{1}$$

式中：c_0、c 分别为反应开始（$t=0$）及反应进行到 t 时刻时蔗糖的浓度。

反应的半衰期 $t_{1/2}$ 为：

$$t_{1/2}=\frac{\ln 2}{k} \tag{2}$$

通常研究一个反应的动力学，需要测量反应在不同时刻反应物的浓度。但上述反应并不需要直接去测浓度，因为它提供了一个非常便利的条件，即反应系统中含有旋光性物质。事实上，因蔗糖、葡萄糖、果糖都含有手性碳原子而都具有旋光性。反应过程中，系统的组成不断变化，旋光度也随之变化。因此可通过测量反应过程中旋光度的变化来量度反应的进程。

其他测量条件一定时，旋光度与旋光性物质的浓度成正比，而且旋光度具有加和性，即溶液的旋光度为溶液中各个组分的旋光度之和。设反应开始、反应 t 时刻、反应完全时的旋光度分别为 α_0、α_t、α_∞，则由反应：

$$C_{12}H_{22}O_{11}（蔗）+H_2O == C_6H_{12}O_6（葡）+C_6H_{12}O_6（果）　　　旋光度$$

				旋光度
$t=0$ 时	c_0	0	0	α_0
$t=t$ 时	c	c_0-c	c_0-c	α_t
$t=\infty$ 时	0	c_0	c_0	α_∞

根据旋光度的加和性，得

$$\alpha_0 = k_{\text{蔗}} c_0$$

$$\alpha_t = k_{\text{蔗}} c + (k_{\text{葡}} + k_{\text{果}})(c_0 - c)$$

$$\alpha_\infty = (k_{\text{葡}} + k_{\text{果}})c_0$$

解联立方程,得

$$c_0 = \frac{\alpha_0 - \alpha_\infty}{k_{\text{蔗}} - (k_{\text{葡}} + k_{\text{果}})}$$

$$c = \frac{\alpha_t - \alpha_\infty}{k_{\text{蔗}} - (k_{\text{葡}} + k_{\text{果}})}$$

两式相除,得

$$\frac{c_0}{c} = \frac{\alpha_0 - \alpha_\infty}{\alpha_t - \alpha_\infty}$$

代入(1)式,得

$$\ln \frac{\alpha_0 - \alpha_\infty}{\alpha_t - \alpha_\infty} = kt$$

或 $$\ln(\alpha_t - \alpha_\infty) = -kt + \ln(\alpha_0 - \alpha_\infty) \tag{3}$$

据此,以 $\ln(\alpha_t - \alpha_\infty)$ 对 t 作图应得一直线,根据其斜率即可求得反应速率常数 k,根据截距可求得 α_0。若测得不同温度下的反应速率常数,则可求得反应的活化能。

实验需测定反应不同时刻的旋光度 α_t 及反应完全时的旋光度 α_∞。α_∞ 的测定通常有两种方法:① 将反应液放置 48 h,让其反应完全后再恒温测其旋光度;② 将反应液在 60℃ 水浴中恒温 30 min 以加速水解,然后再冷至实验温度,测其旋光度。本实验采用后一方法。

三、仪器和试剂

1. 仪器

旋光仪,旋光管(带恒温夹套),100 mL 锥形瓶 2 个,25 mL 移液管 2 支,超级恒温槽,镜头纸。

2. 试剂

0.2 kg·L^{-1} 蔗糖溶液(新配,如浑浊需先用玻璃砂漏斗过滤),2 mol·L^{-1} HCl。

四、操作步骤

1. 将恒温槽调节到 25℃ 恒温

将旋光管恒温夹套通上恒温水。用移液管取 25 mL 蔗糖溶液和 25 mL HCl 溶液分别注入两个干燥洁净的锥形瓶中,并将它们置于恒温槽中恒温 10~15 min。

2. 旋光仪零点的测定

接通旋光仪电源,预热 5 min。洗净旋光管各部件(注意其两端护玻片镜面不能与硬物或手接触),将旋光管一端轻轻旋紧,注满蒸馏水使液面凸起,将护玻片沿管口缓缓推入盖好,旋紧螺帽,勿使其漏水或有气泡产生。旋紧螺帽时用力不能过大,以免旋光管变形甚至压碎玻片。装液后,立即用滤纸或干布擦净管外残液,用镜头纸擦净两端护玻片。然后将旋光管凸肚一端朝上放入旋光槽内(管内若有气泡应将其赶至凸肚处),盖上槽盖。调节目镜使视野清晰,旋转检偏镜使三分视野明暗度相等且较暗为止,记下刻度盘读数,重复三次,取平均值,此即为旋光仪的零点。测毕,取出旋光管,倒出蒸馏水。

3. 蔗糖水解过程旋光度的测定

（1）测 α_t。将已恒温的 HCl 溶液加到蔗糖溶液的锥形瓶中混合均匀，并在 HCl 溶液加入一半时开始计时。取少量混合液荡洗旋光管，然后注满（另将剩余液置于 60℃ 水浴中恒温 30 min 以上），盖好玻片，旋上螺帽，擦干管外残液，置于旋光槽中，盖上槽盖，测量反应不同时刻溶液的旋光度 α_t。可在反应 10 min、15 min、20 min、30 min、40 min、60 min、80 min、100 min 各测一次。每次测定要准确迅速，在快到测定时间时就要大致调好旋光仪视野，一到时间马上调好，然后读数。测毕，取出旋光管，倒出样液，洗净旋光管。

（2）测 α_∞。剩余液在 60℃ 水浴中恒温 30 min 后，取出冷却至实验温度，取少量剩余液荡洗后注满旋光管，如上操作，测其旋光度，即为 α_∞。

需要注意，测到 40 min 后，每次测量间隔时应将钠光灯关闭，以延长其使用寿命，下次测量前 5 min 打开预热，使光源稳定。实验结束，立即将旋光管洗净擦干，同时擦干净旋光槽，以免残液腐蚀旋光管和旋光槽。

五、数据记录和处理

（1）实验数据记入下表：

实验温度：	c_{HCl}：		$c_{0(蔗糖)}$：			仪器零点：		α_∞：
t/min								
α_t								
$\alpha_t - \alpha_\infty$								
$\ln(\alpha_t - \alpha_\infty)$								

（2）以 $\ln(\alpha_t - \alpha_\infty)$ 对 t 作图，根据直线斜率求出反应速率常数 k 并求出半衰期 $t_{1/2}$，根据截距求出 α_0。

六、实验要点和注意事项

（1）蔗糖在配制溶液前，需先经 100℃ 干燥 1～2 h。

（2）旋光管旋上螺帽时用力应适度，旋至不漏即可。装好后管内应无气泡，若有则应赶至凸肚处，并在测量过程中也一直停在该处。

（3）旋光管装好液样后应立即擦干管外残液，实验结束立即洗净擦干，并擦干净旋光槽。

（4）旋光仪的钠光灯不宜长时间开启，测量间隔时间较长时应关闭，测前 5 min 打开预热即可。

（5）准确读取旋光度值，应读到小数点后第二位（此位非 0 即 5）。

七、思考和讨论

（1）本实验校正旋光仪零点的目的是什么？为什么可用蒸馏水来校正零点？不校正零点对实验结果（k 和 α_0）有无影响？有何影响？为什么？

（2）记录反应开始的时间提前或延后对实验结果（k 和 α_0）有无影响？有何影响？为

什么？

（3）蔗糖水解反应速率与哪些因素有关？反应速率常数与哪些因素有关？

（4）测量旋光度时应如何选用旋光管？长管好还是短管好？依据是什么？

（5）配制蔗糖溶液时为什么可用粗天平称量？如所用蔗糖不纯,对实验结果有无影响？

实验十六　乙酸乙酯皂化反应（电导法）

一、目的

（1）熟悉二级反应的特点，学会用作图法求二级反应的速率常数。

（2）用电导法测定乙酸乙酯皂化反应的速率常数和活化能。

（3）进一步掌握电导率仪的使用方法。

二、基本原理

乙酸乙酯的皂化反应是一个典型的二级反应，其反应方程式：

$$CH_3COOC_2H_5 + OH^- \rightleftharpoons CH_3COO^- + C_2H_5OH$$

若反应物乙酸乙酯和碱的起始浓度相同，则其反应速率方程为：

$$-\frac{dc}{dt} = kc^2$$

积分，得

$$\frac{1}{c} - \frac{1}{c_0} = kt \tag{1}$$

或

$$\frac{1}{c_0} \cdot \frac{c_0 - c}{c} = kt \tag{2}$$

式中：c_0、c 分别为反应开始（$t=0$）及反应进行到 t 时刻时反应物的浓度。

反应的半衰期为：

$$t_{1/2} = \frac{1}{kc_0} \tag{3}$$

若通过实验测得两个不同温度下的反应速率常数，则可由阿仑尼乌斯方程求得反应的活化能 E_a：

$$\ln \frac{k_2}{k_1} = -\frac{E_a}{R}\left(\frac{1}{T_2} - \frac{1}{T_1}\right) \tag{4}$$

为求得某温度下的反应速率常数 k，需测得反应在任一时刻反应物的浓度。但上述反应无需直接测浓度，而可通过测量反应过程中溶液电导的变化来量度反应的进程。

本实验中，乙酸乙酯和乙醇对电导没有明显的贡献，Na^+ 对电导有其恒定的贡献而与电导的变化无关，只有 OH^- 和 CH_3COO^- 的浓度变化对电导的影响较大。其他测量条件一定时，稀溶液的电导与导电性物质的浓度成正比。设反应开始、反应 t 时刻、反应完全时的电导分别为 G_0、G_t、G_∞，则由反应：

$CH_3COOC_2H_5 + NaOH = CH_3COONa + C_2H_5OH$			电导
$t=0$ 时	c_0	0	G_0
$t=t$ 时	c	$c_0 - c$	G_t
$t=\infty$ 时	0	c_0	G_∞

显然，有

$$G_0 = k_{NaOH} \cdot c_0$$

$$G_t = k_{NaOH} \cdot c + k_{NaAc} \cdot (c_0 - c)$$

$$G_\infty = k_{NaAc} \cdot c_0$$

解联立方程，可得

$$\frac{G_t - G_\infty}{G_0 - G_t} = \frac{c}{c_0 - c}$$

代入（2）式，得

$$G_t = \frac{1}{kc_0} \cdot \frac{G_0 - G_t}{t} + G_\infty \tag{5}$$

据此，以 G_t 对 $\dfrac{G_0 - G_t}{t}$ 作图应得一直线，根据其斜率即可求得反应速率常数 k。

若实验测得的是电导率 κ，则因 $\kappa = GK$（K 为电导池常数），故（5）式可改写为：

$$\kappa_t = \frac{1}{kc_0} \cdot \frac{\kappa_0 - \kappa_t}{t} + \kappa_\infty \tag{6}$$

三、仪器和试剂

1. 仪器

电导率仪，恒温槽，双管电导池 2 只，20 mL 移液管 4 支。

2. 试剂

$0.02\ mol \cdot L^{-1}$、$0.01\ mol \cdot L^{-1}$ NaOH，$0.02\ mol \cdot L^{-1}$ $CH_3COOC_2H_5$，$0.01\ mol \cdot L^{-1}$ CH_3COONa。

四、操作步骤

（1）调节恒温槽温度为 $(25.0 \pm 0.1)℃$。将电导池及 $0.02\ mol \cdot L^{-1}$ NaOH 和 $CH_3COOC_2H_5$ 溶液浸入恒温槽中恒温待用。

（2）取适量 $0.01\ mol \cdot L^{-1}$ NaOH 溶液注入一干燥洁净的电导池中，插入电极（液面必须浸没铂黑），置于恒温槽中，恒温 10 min 后测其电导率值（测前先校正电导率仪），即为 κ_0。同法测量 $0.01\ mol \cdot L^{-1}$ CH_3COONa 溶液的电导率值，即为 κ_∞。

（3）取 $0.02\ mol \cdot L^{-1}$ NaOH 和 $0.02\ mol \cdot L^{-1}$ $CH_3COOC_2H_5$ 溶液各 20 mL 分别注入另一干燥洁净电导池的两个叉管中（注意勿使两溶液混合），将电极洗净并用滤纸吸干后浸入一侧的 NaOH 溶液中，将电导池置于恒温槽中恒温 10 min 后，摇动双叉管使另一侧的 $CH_3COOC_2H_5$ 溶液全部转到 NaOH 溶液中混合均匀，同时开始计时，测量反应不同时刻溶液的电导率 κ_t。可在反应 5 min、10 min、15 min、20 min、25 min、30 min、40 min、50 min、60 min 各测一次。

（4）如上操作，测量反应在 35℃ 下的 κ_0、κ_∞、κ_t 值。

实验完毕，洗净电导池，铂黑电极用蒸馏水淋洗干净并浸泡在蒸馏水中。

五、数据记录和处理

（1）实验数据记入下表：

25℃	t/min						
$\kappa_0 =$	$\kappa_t/(\text{S} \cdot \text{cm}^{-1})$						
$\kappa_\infty =$	$(\kappa_0 - \kappa_t)/t$						
35℃	t/min						
$\kappa_0 =$	$\kappa_t/(\text{S} \cdot \text{cm}^{-1})$						
$\kappa_\infty =$	$(\kappa_0 - \kappa_t)/t$						

（2）以 κ_t 对 $\dfrac{\kappa_0 - \kappa_t}{t}$ 作图，由斜率求得 25℃、35℃下的反应速率常数 k 和半衰期 $t_{1/2}$，并计算反应的活化能。由截距求得两温度下的 κ_∞，并与测量值进行比较。

六、实验要点和注意事项

（1）实验所用溶液必须用新煮沸的冷却蒸馏水临时准确配制，以免溶入 CO_2 引起误差。配好的 NaOH 溶液最好装配碱石灰吸收管。

（2）溶液放置或恒温时，瓶口要塞紧。

（3）反应物乙酸乙酯和氢氧化钠的浓度必须相同。

（4）反应需在恒温条件下进行，且所用溶液需在恒温水浴中预先恒温 10 min 以上。

（5）铂黑电极洗净后用滤纸吸干，不可擦拭，切勿接触铂黑。用毕洗净浸泡在蒸馏水中。

七、思考和讨论

（1）实验要求两种反应物的起始浓度相等，其目的是什么？所用溶液是否要求准确配制？为什么？

（2）若反应物乙酸乙酯和氢氧化钠的起始浓度不同，分别为 a 和 b，其速率方程（微分式和积分式）是什么？

（3）本实验为何以 0.01 mol·L^{-1} NaOH 溶液的电导率作为 κ_0，以 0.01 mol·L^{-1} CH$_3$COONa 溶液的电导率作为 κ_∞？

（4）如果反应物乙酸乙酯和氢氧化钠溶液为浓溶液，能否用此法测定 k 值？为什么？

（5）反应过程中溶液的电导为什么会发生变化？如何变化？

实验十七　丙酮碘化反应（分光光度法）

一、目的

（1）用分光光度法测定酸催化时丙酮碘化反应的反应级数、速率常数，建立其反应速率方程式。

（2）通过实验加深对复杂反应特征的理解。

（3）进一步掌握分光光度计的使用方法。

二、基本原理

酸催化下的丙酮碘化反应是一个复杂反应，其初始阶段反应为：

$$CH_3COCH_3 + I_2 \rightleftharpoons CH_3COCH_2I + H^+ + I^-$$

H^+ 是反应的催化剂，由于反应本身有 H^+ 生成，因而是一个自催化反应，随着反应的进行，H^+ 浓度增加，反应愈来愈快。假设其速率方程为：

$$r = -\frac{dc_{I_2}}{dt} = k \cdot c_A^p \cdot c_{I_2}^q \cdot c_{H^+}^s \tag{1}$$

式中：r 为反应速率；k 为反应速率常数；指数 p、q、s 分别为丙酮（A）、碘、酸的反应分级数。

由于反应并不停留在一元碘代丙酮阶段，会继续进行下去，因此采用初始速率法，测定反应在开始一段时间的反应速率。

两次实验中，若保持碘和酸的初始浓度相同，而丙酮的初始浓度不同，则

$$\frac{r_2}{r_1} = \left(\frac{c_{A,2}}{c_{A,1}} \right)^p \tag{2}$$

同理，若保持丙酮和酸的初始浓度相同，而碘的初始浓度不同，则

$$\frac{r_3}{r_1} = \left(\frac{c_{I_2,3}}{c_{I_2,1}} \right)^q \tag{3}$$

若保持丙酮和碘的初始浓度相同，而酸的初始浓度不同，则

$$\frac{r_4}{r_1} = \left(\frac{c_{H^+,4}}{c_{H^+,1}} \right)^s \tag{4}$$

从而，只要作四次实验，即可求得丙酮、碘、酸的反应分级数 p、q、s。

事实上，在本实验条件下（酸浓度较低），丙酮碘化反应对碘是零级的，即 $q=0$。如果反应物碘是少量的，而丙酮和酸是相对过量的，则反应速率可视为常数，直到碘全部消耗，即

$$r = -\frac{dc_{I_2}}{dt} = k \cdot c_A^p \cdot c_{H^+}^s \tag{5}$$

积分，得

$$c_{I_2} = -rt + C \tag{6}$$

因碘溶液在可见光区有比较宽的吸收带，而在此吸收带中，本反应的其他物质盐酸、丙酮、碘化丙酮、碘化钠溶液则没有明显的吸收，因此可采用分光光度法测定碘浓度的变化来跟踪反应的进程。

根据朗伯-比尔（Lambert - Beer）定律，物质对单色光的吸收遵循下列关系式：

$$A = -\lg \frac{I}{I_0} = \kappa \cdot l \cdot c \tag{7}$$

式中:A 为吸光度(也称光密度);I_0 为入射光强度;I 为透过光强度;I/I_0 为透光率;c 为溶液浓度;l 为液层厚度(比色皿厚度);κ 为吸光系数。将(6)式代入(7)式,得

$$A = -\kappa l r t + C' \tag{8}$$

据此,以吸光度 A 对时间 t 作图应得一直线,由直线斜率即可求得反应速率 r。式中的 κl 可通过测定一系列已知浓度 I_2 溶液的吸光度,作吸光度-浓度工作曲线,由其直线斜率求得。

由丙酮、碘、酸的浓度和分级数及反应速率数据,根据(1)式即可求得反应速率常数,从而建立起该反应的速率方程式。

三、仪器和试剂

1. 仪器

分光光度计(带恒温夹套),超级恒温槽,秒表,50 mL 容量瓶 10 只,10 mL 刻度移液管 4 支,镜头纸。

2. 试剂

$0.010\,0\ \text{mol} \cdot \text{L}^{-1}\ I_2$ 标准溶液(含 2% KI),$2.000\ \text{mol} \cdot \text{L}^{-1}\ CH_3COCH_3$ 标准溶液,$1.000\ \text{mol} \cdot \text{L}^{-1}\ HCl$ 标准溶液,蒸馏水。

四、操作步骤

(1) 调节超级恒温槽的温度为 (25.0 ± 0.1)℃。将分光光度计比色皿恒温夹套通上恒温水,波长调到 500 nm,开机预热 20 min。注意预热及不测量时均应打开样品室盖。

(2) 测 κl。用移液管移取 2 mL、4 mL、6 mL、8 mL、10 mL 碘标准溶液,分别注入到 5 只已编号容量瓶中,用蒸馏水稀释到刻度,混匀配成一系列已知浓度 I_2 溶液,置于恒温槽中恒温 10 min。然后分别用此溶液荡洗并注满比色皿,测其吸光度,重复测 3 次,取平均值。每次测定前均应用蒸馏水校正(打开样品室盖,调"0%",合上样品室盖,将蒸馏水比色皿置于光路,调"100%")。

(3) 测反应速率 r。取 4 只洁净干燥容量瓶,用移液管按表 II-3 用量依次移取 I_2 标准溶液、HCl 标准溶液、蒸馏水,塞好瓶塞,混匀。另取一容量瓶注满 CH_3COCH_3 标准溶液。然后将它们一起置于恒温槽中恒温 10 min。

表 II-3　各容量瓶中溶液配制方案

容量瓶编号	碘标准溶液/mL	盐酸标准溶液/mL	蒸馏水/mL	丙酮标准溶液/mL
1	10	5	25	10
2	10	5	30	5
3	5	5	30	10
4	10	10	20	10

取已恒温丙酮标准溶液 10 mL 迅速加入 1 号容量瓶,摇匀并开始计时,然后用此混合液荡洗并注满比色皿,每隔 1 min 测其吸光度,直到取得 10~12 个数据。用同样方法测定 2、3、4 号溶液在反应不同时刻的吸光度。每次测定前均应用蒸馏水校正。

五、数据记录和处理

（1）将一系列已知浓度 I_2 溶液的吸光度数据记入下表，作吸光度 A -浓度 c 工作曲线，由直线斜率求出 κl。

$c(I_2)/(mol \cdot L^{-1})$						
A	1					
	2					
	3					
	平均					

（2）将不同浓度反应混合液在反应不同时刻的吸光度记入下表，分别作吸光度 A -时间 t 曲线，由直线斜率和 κl 值求得相应条件下的反应速率 r_1、r_2、r_3、r_4。

t/min						
A	1 号液					
	2 号液					
	3 号液					
	4 号液					

（3）求丙酮、碘、酸的反应分级数 p、q、s。

（4）根据 1～4 号瓶中各反应组分的初始浓度求出反应速率常数 k（令 $p=s=1$，$q=0$），并求其平均值。

（5）写出酸催化时丙酮碘化反应的速率方程式。

六、实验要点和注意事项

（1）实验所用溶液均需用分析纯试剂准确配制。碘溶液应避光保存。溶液配制、混合、装样、测量时动作要迅速。

（2）所用容量瓶、比色皿应洁净干燥。

（3）取拿比色皿时，手指只能捏住比色皿的毛玻璃面，而不能触碰其光面。测试前，比色皿外壁附着的水或溶液应用镜头纸或细软的吸水纸吸干，不可擦拭，以免损伤其光学表面。每台仪器所配套的比色皿不能与其他仪器的比色皿混淆或调换。

（4）预热或不测量时，应打开样品室盖使光路切断，以免光电管疲劳，数字显示不稳定。

（5）每次测定前均应用蒸馏水校正分光光度计。

七、思考和讨论

（1）在确定各反应组分的分级数时经常采用孤立法，试简述孤立法的操作原理。

（2）本实验中，将丙酮溶液加入含有碘、盐酸的容量瓶时并不立即开始计时，而注入比色皿时才开始计时，这样操作是否可以？为什么？

（3）影响本实验结果准确度的因素主要有哪些？

实验十八　　BZ 振荡反应（电势法）

一、目的

(1) 观察 Belousov - Zhabotinski 振荡反应现象，了解其基本原理和产生条件。

(2) 用电势法研究 BZ 振荡反应，测定其诱导期和振荡周期，并计算诱导期和振荡期的表观活化能。

(3) 初步理解自然界中普遍存在的非平衡非线性问题。

二、基本原理

别诺索夫-柴波廷斯基(Belousov - Zhabotinski)化学振荡(Chemical Oscillating)是系统在远离平衡时，由其本身的非线性动力学机制而产生的某些物质的浓度随时间或空间的周期性变化现象，即宏观时空有序结构，称为耗散结构(dissipative structure)。1921 年，勃雷(Bray)在一次偶然的机会发现 H_2O_2 与 KIO_3 在硫酸稀溶液中反应时，释放出 O_2 的速率以及 I_2 的浓度会随时间呈周期性的变化。从此，这类化学振荡现象开始为人们所注意。特别是 1958 年，别诺索夫首先观察到并随后为柴波廷斯基深入研究，丙二酸在溶有硫酸铈的酸性溶液中被溴酸钾氧化的反应中，$[Ce^{4+}]/[Ce^{3+}]$ 及 $[Br^-]$ 存在周期性变化，使人们对化学振荡发生了广泛的兴趣。现已发现许多不同类型的振荡反应，在均相和非均相系统中都有，并进一步发展到化学中的混沌现象的研究。振荡现象在生物系统中尤为普遍。

化学振荡现象的发生必须同时满足三个条件：① 远离平衡。非平衡乃有序之源，平衡和近平衡是产生不了有序结构的，只有远离平衡才有产生有序结构的可能。在封闭系统中，振荡是衰减的，如果是开放系统，则有可能长期持续；② 存在自催化(autocatalysis)步骤，也即存在反馈。自催化反应的一个显著特征是存在诱导期，只有当作为自催化剂的产物积累到一定数量后，反应速率才急剧增大而可被察觉；③ 具有双稳定性(bistability)。可以在两个稳态间来回振荡。以上三个条件特别是后两个和非线性紧密相关。

上述丙二酸被溴酸钾氧化的 BZ 振荡反应的历程十分复杂。1972 年，Field、Koros、Noyes 等人提出了 FKN 机理，对 BZ 振荡反应作出了解释。其主要思想是：系统中存在着两个受 $[Br^-]$ 控制的过程 A 和 B。当 $[Br^-]$ 高于某临界浓度时，发生过程 A，消耗 Br^-，$[Br^-]$ 下降；当 $[Br^-]$ 下降到低于某临界浓度时，发生过程 B，Br^- 再生，$[Br^-]$ 升高，结果 A 过程又发生。这样，系统就在 A、B 过程间往复振荡，$[Ce^{4+}]/[Ce^{3+}]$ 及 $[Br^-]$ 呈现周期性的变化。

具体来讲，该反应由三个主过程组成。

当 $[Br^-]$ 足够高时，发生过程 A(特点是大量消耗 Br^-)：

$$(1)\ BrO_3^- + Br^- + 2H^+ \longrightarrow HBrO_2 + HOBr \qquad\qquad k_1$$

$$(2)\ HBrO_2 + Br^- + H^+ \longrightarrow 2HOBr \qquad\qquad k_2$$

其中反应(1)为速控步，当达到准定态时，中间体 $[HBrO_2] = k_1[BrO_3^-][H^+]/k_2$。反应中产生的 HOBr 能进一步反应，使有机物丙二酸被溴化：

$$① \ HOBr + Br^- + H^+ \longrightarrow Br_2 + H_2O$$

$$② \ Br_2 + CH_2(COOH)_2 \longrightarrow BrCH(COOH)_2 + Br^- + H^+$$

当[Br⁻]低时,发生过程 B:

(3) $BrO_3^- + HBrO_2 + H^+ \longrightarrow 2BrO_2 + H_2O$ k_3

(4) $BrO_2 + Ce^{3+} + H^+ \longrightarrow HBrO_2 + Ce^{4+}$ k_4

(5) $2HBrO_2 \longrightarrow BrO_3^- + HOBr + H^+$ k_5

这是一个自催化过程,在 Br⁻ 消耗到一定程度后,HBrO₂ 才转到按(3)、(4)两式进行,自催化产生 HBrO₂,并使反应不断加速,与此同时,催化剂 Ce³⁺ 氧化为 Ce⁴⁺。此外,HBrO₂ 的累积还受到歧化反应(5)的制约。反应(3)为速控步,达到准定态时,$[HBrO_2] \approx k_3[BrO_3^-][H^+]/2k_5$。由反应(2)(3)可见,Br⁻ 和 BrO₃⁻ 是竞争 HBrO₂ 的,当 $k_2[Br^-] > k_3[BrO_3^-]$ 时,自催化过程(3)不可能发生。自催化是 BZ 振荡反应中必不可少的步骤,否则振荡不可能发生。Br⁻ 的临界浓度为:$[Br^-]_{crit} = k_3[BrO_3^-]/k_2$。

过程 C:

再生出 Br⁻,同时 Ce⁴⁺ 还原为 Ce³⁺。这一过程目前了解得还不够,反应大致为:

(6) $4Ce^{4+} + BrCH(COOH)_2 + H_2O + HOBr \longrightarrow 2Br^- + 4Ce^{3+} + 3CO_2 + 6H^+$ k_6

或 $4Ce^{4+} + BrCH(COOH)_2 + 2H_2O \longrightarrow Br^- + 4Ce^{3+} + HCOOH + 2CO_2 + 5H^+$

过程 C 对化学振荡非常重要。如果只有 A 和 B,那就是一般的自催化反应或时钟反应,进行一次就完成。正是由于过程 C,以有机物丙二酸的消耗为代价,重新得到 Br⁻ 和 Ce³⁺,反应得以重新启动,形成周期性的振荡。

总反应为:

$$2H^+ + 2BrO_3^- + 3CH_2(COOH)_2 \xrightarrow[Br^-, Ce^{4+}]{Ce^{3+}} 2BrCH(COOH)_2 + 3CO_2 + 4H_2O$$

或 $$3H^+ + 3BrO_3^- + 5CH_2(COOH)_2 \xrightarrow[Br^-, Ce^{4+}]{Ce^{3+}} 3BrCH(COOH)_2 + 2HCOOH + 4CO_2 + 5H_2O$$

本实验可通过测定电极电势的变化来检测反应过程中离子浓度的变化。通常用硫酸亚汞电极作参比电极,用铂电极作指示电极测定$[Ce^{4+}]/[Ce^{3+}]$的变化(或用溴离子选择电极作指示电极测定$[Br^-]$的变化),从而可以将浓度变化转化为电信号记录下来而得到振荡波(如图Ⅱ-27)。根据不同温度下的起波时间(即诱导时间)和振荡周期(取平均值),可以分别求得 BZ 振荡反应诱导期和振荡期(即过程 C)的表观活化能 E_a:

$$\ln \frac{1}{t} = -\frac{E_a}{RT} + C$$

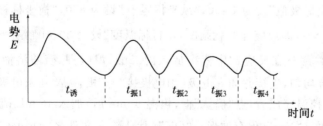

图Ⅱ-27 BZ 振荡反应的电势 E-时间 t 曲线

BZ 振荡反应除有图Ⅱ-27所示的浓度随时间周期变化的振荡波曲线外,还有浓度随空间周期变化的振荡环图样。如在培养皿中加入一定量的溴酸钾、溴化钾、硫酸、丙二酸,待有 Br₂ 产生并消失后,加入一定量的试亚铁灵试剂 Fe[phen]₃²⁺,半小时后红色溶液将呈现蓝色靶环的图样。

三、仪器和试剂

1. 仪器

100 mL 反应器(带恒温夹层),超级恒温槽,磁力搅拌器,铂电极,硫酸亚汞电极,BZ 振荡反应数据采集接口装置(南京大学应用物理研究所),计算机,打印机,15 mL 移液管 4 支。

2. 试剂

0.25 mol·L^{-1}溴酸钾,0.45 mol·L^{-1}丙二酸,3.00 mol·L^{-1}硫酸,0.004 mol·L^{-1}硫酸铈铵。

四、操作步骤

(1) 按图Ⅱ-28 所示安装连接实验装置(数据采集接口装置之"通断输出"端接恒温槽控制端,因一般恒温槽都未装控制端,故闲置不用)。

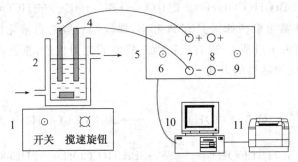

图Ⅱ-28 BZ 振荡反应测定装置及接线图

1—磁力搅拌器;2—反应器;3—铂电极;4—硫酸亚汞电极;5—BZ 振荡反应数据采集接口装置;6—温度传感器;7—电压输入;8—通断输出;9—电源指示灯;10—计算机;11—打印机

(2) 开恒温槽,调节温度 30℃,接通反应器恒温水,调好循环水量。开数据采集接口装置,温度传感器探头插入恒温槽中(注意勿碰到槽壁)。开计算机,运行"bz * .exe"程序,点击 继续 → 参数矫正 (包括温度、电压矫正,一般无需进行,如果需要则由教师事先完成)→ 参数设置 →"纵坐标极值"设为 1 150,"纵坐标零点"设为 850,"横坐标极值"设为 600,"画图起始点设定"选 yes(即反应开始就画图),"目标温度"设为 30→ 确定 → 退出 。

(3) 点 开始实验 →在反应器中依次加入丙二酸、溴酸钾、硫酸溶液各 15 mL,开动搅拌,调好搅速,混合均匀,连接并插入电极(铂电极接"+"极,硫酸亚汞电极接"-"极,插入深度要一致)→提示控温完成后,点"确认"框,恒温 5 min 后,加入 15 mL 硫酸铈铵溶液,并立即点 开始实验 ,再点"Yes"(保存波形)、"OK"(默认输入文件名"g1.dat"),系统开始计时,并即时绘出诱导期和振荡期波形曲线。仔细观察,当电势降到最低时,记录时间,即诱导时间。随后进入振荡期,记录第一和第六个峰的峰值时间,两者之差即五个振荡周期时间。反应自动完成,可查看峰值、谷值,也可打印出振荡波形图。反应过程中仔细观察溶液颜色的周期性变化。

（4）依次重新调节恒温槽温度为 35℃、40℃、45℃、50℃，并相应 修改目标温度；将反应液倒入废液桶，清洗反应器和电极；再在反应器中依次加入丙二酸、溴酸钾、硫酸溶液各 15 mL，如上操作，继续实验，完成其他温度下诱导时间和振荡周期时间的测定。

（5）各次实验完成后，点 退出，并点"Yes"（保存数据）、"OK"（默认输入文件名"s1.txt"）→ 数据处理 →输入各次实验的诱导时间（或振荡周期时间）、实验温度（℃）和数据点个数→ 使用当前数据处理 → 打印 →输出诱导期（或振荡期）活化能结果。

（6）关计算机，关电源，洗净反应器和电极，将电极放回电极盒中。

五、数据记录和处理

本实验数据处理可由计算机自动完成。

（1）将实验数据记于下表：

T/K						
$t_{诱}/s$						
峰 1 时间/s						
峰 6 时间/s						
$t_{振}/s$						
$1/T$						
$\ln(1/t_{诱})$						
$\ln(1/t_{振})$						

（2）以 $\ln\dfrac{1}{t_{诱}}$、$\ln\dfrac{1}{t_{振}}$ 对 $\dfrac{1}{T}$ 作图，根据直线斜率求出诱导期和振荡期的表观活化能。

六、实验要点和注意事项

（1）因 Cl^- 会抑制振荡的发生和持续，故所用试剂均应用不含 Cl^- 的去离子水配制，参比电极也不能用甘汞电极，而改用硫酸亚汞电极。

（2）硫酸铈铵溶液应在 $0.20\ mol \cdot L^{-1}$ 硫酸介质中配制，以防止发生水解而呈混浊。

（3）实验中溴酸钾试剂纯度要求高（G. R.）。

（4）每次实验完成后均应将电极和反应器冲洗干净。

（5）搅拌子位置及搅拌速度需注意控制，各次实验应尽量保持相同。

（6）加入丙二酸、溴酸钾、硫酸后，一定要搅拌使溶液充分混合。

（7）各个组分的混合顺序对系统的振荡行为有影响，每次实验溶液加入反应器的顺序应相同。最后加入硫酸铈铵时，开始采样计时。

七、思考和讨论

（1）系统中哪一步反应对振荡行为最为关键？为什么？

（2）本实验记录的电势主要代表什么意思？与 Nernst 方程求得的电势有何不同？

（3）本实验为什么可以 $\ln\dfrac{1}{t}$ 代替 $\ln k$ 对 $\dfrac{1}{T}$ 作图来求活化能？

（4）求算振荡期的表观活化能时，是否一定要取单个振荡周期时间（平均值）？可否直接取多个（如 5 个）振荡周期时间？为什么？

附　注

（1）实验中，温度、各个组分的纯度、浓度、加样顺序等都会对振荡反应的诱导期、振幅、周期和寿命产生影响。

（2）本实验也可将丙二酸换成焦性没食子酸、各种氨基酸等有机酸，或用碘酸盐、氯酸盐等替换溴酸盐等来进行实验。结果会发现，振荡波形、诱导期、周期、振幅等会发生很大变化，而且与物质的种类有一定对应关系。根据这些特点，可以用振荡反应来进行糖尿病的临床检测，测定金属离子的浓度以及界面张力等。

界面现象和胶体化学实验部分

实验十九　表面张力及表面吸附量的测定

一、目的

（1）掌握最大气泡压力法测定溶液表面张力的原理和技术。

（2）测定不同浓度乙醇溶液的表面张力和表面吸附量。

（3）加深对表面张力、表面吉布斯能、表面张力和吸附量关系的理解。

二、基本原理

1. 表面张力及其影响因素

表面张力是液体的重要性质之一，它是因表面层分子受力不均衡所引起的。以液体及其蒸气构成的系统为例（见图Ⅱ-29），在液体内部的任一分子 A，它与周围分子间的作用力是球形对称的，可以彼此抵消，合力为零，故内部分子可以在里面自由移动而无需做功。表面层的分子 B 则不同，它处于力场不对称的环境中：液体内部分子对它的作用力远大于液面上蒸气分子对它的作用力，从而使它受到指向液体内部的拉力作用，故液体都有自动缩小表面积的趋势，这也正是液滴自动呈球形的

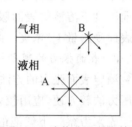

图Ⅱ-29　液体分子受力情况

原因。如果要增大液体的表面，就要克服此向内的拉力将分子拉到表面上来，就需要做功，显然，所做的功跟表面积的增量成正比，即

$$\mathrm{d}G = \delta W' = \sigma \cdot \mathrm{d}A_s \tag{1}$$

比例常数 σ，从能量的角度称为比表面吉布斯能，即单位面积表面层分子比相同数量的内部分子所多出来的那部分能量，单位：$J \cdot m^{-2}$；从力的角度称为表面张力，即沿着表面、和表面相切、垂直作用于单位长度相界面线段上的表面紧缩力，单位：$N \cdot m^{-1}$。

由于表面张力的存在，弯曲液面除了要受到外界压力的作用外，还要承受由于表面张力的作用而产生的附加压力。附加压力 Δp 和表面张力 σ 及液面曲率半径 r 之间遵循拉普拉斯公式：

$$\Delta p = \frac{2\sigma}{r} \tag{2}$$

液体的表面张力与温度、压力和相互接触两相物质的性质、组成等有关。一般地，随着温度的升高（使分子间距离增加，相互作用减弱）、压力的增大（使两相物质的差异缩小），表面张力都会减小。

当在液体中加入溶质后，液体的表面张力也会发生变化：某些溶质的加入使表面张力升高，如在水中加入 NaCl、蔗糖等；某些溶质的加入使表面张力降低，如在水中加入乙醇、表面活性剂等。

2. 表面吸附和吉布斯吸附等温式

溶质的加入不仅导致液体表面张力的变化，同时，溶质在液体内部和液体表面的分布也

会不同,这就是溶液表面的吸附现象。根据吉布斯能最低原理,若溶质导致液体的表面张力升高,则该种溶质必然更多地进入液体内部而较少地停留在液体表面,使其表面浓度低于本体浓度,产生负吸附;若溶质导致液体的表面张力降低,则该种溶质必然更多地停留在液体表面而较少地进入液体内部,使其表面浓度高于本体浓度,产生正吸附。

所谓表面吸附量,就是指单位面积表面层溶剂中所含溶质的量与同样数量的溶剂在溶液本体中所含溶质的量之差值,也即表面超量(单位:mol·m^{-2})。表面吸附量 Γ 和表面张力 σ 及溶液浓度 c 之间遵循吉布斯吸附等温式:

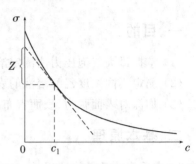

图Ⅱ-30　溶液的表面张力 σ-浓度 c 图

$$\Gamma = -\frac{c}{RT} \cdot \frac{d\sigma}{dc} = \frac{Z}{RT} \tag{3}$$

据此,只要在一定温度下测得一系列不同浓度溶液的表面张力,即可通过作表面张力 σ-浓度 c 曲线求得不同浓度下溶液的表面吸附量(见图Ⅱ-30),进而绘得表面吸附量 Γ-浓度 c 曲线(该曲线一般呈何种形状?)。

3. 表面张力的测定——最大气泡压力法

测定表面张力的方法很多,如毛细管升高法、滴体积法(滴重法)、拉环法等,而以最大气泡压力法较方便,应用较多。

先来考察一下气泡的形成过程(见图Ⅱ-31):让毛细管和液面刚好相切,当毛细管内的压力逐渐增大(或管外液面上的压力逐渐减小)时,管内液面下压并形成气泡放出,此气泡液面的曲率半径 r 的绝对值先是从无穷大(水平液面)逐渐减小到最小即毛细管半径 R(半球状液面),而后又逐渐变大。

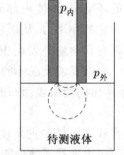

图Ⅱ-31　气泡的形成过程

毛细管内外的压力差可以用 U 形酒精压力计或数字微压差仪进行测量,此压力差和气泡液面的附加压力是相平衡的,即

$$p_内 - p_外 = \Delta p = \frac{2\sigma}{r}$$

当气泡液面曲率半径 r 为最小即毛细管半径 R 时,压力差达到最大,即

$$\Delta p_{最大} = \frac{2\sigma}{R} \tag{4}$$

对同一支毛细管,有

$$\sigma = K \cdot \Delta p_{最大} \tag{5}$$

式中,K 取决于毛细管半径 R,称为仪器常数。据此,如果仪器常数已知,则通过测量样品的最大压差即可求得其表面张力。仪器常数可通过测量已知表面张力的标准物(如重蒸馏水)的最大压差而求得。

三、仪器和试剂

1. 仪器

表面张力测定装置(包括带恒温夹层的具支试管、毛细管、滴液漏斗、广口瓶、数字微压差仪），超级恒温槽，烧杯。

2. 试剂

乙醇的质量分数分别为 5％、10％、15％、20％、25％、30％、40％的乙醇水溶液（新配），重蒸馏水。

四、操作步骤

（1）洗净具支试管和毛细管，按图Ⅱ-32所示安装连接实验装置，注意装置要气密性良好，不漏水。调节恒温槽温度为（25.0±0.1）℃，具支试管接通恒温水。

（2）仪器常数的测定。在具支试管中加入适量重蒸馏水，调节液面使其恰好与毛细管口相切，恒温数分钟。打开广口瓶塞使广口瓶也即毛细管内通大气，将微压差仪置零，置零后重新塞紧瓶塞。打开滴液漏斗逐滴滴液使毛细管内缓缓加压，气泡从毛细管口逸出，控制气泡逸出的速度约 5～10 s一个，读取微压差仪所示的最大压差值 Δp_0，重测 3次，取平均值。

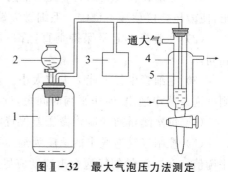

图Ⅱ-32 最大气泡压力法测定表面张力实验装置

1—广口瓶；2—滴液漏斗；3—数字微压差仪；4—具支试管；5—毛细管

（3）不同浓度乙醇水溶液表面张力的测定。在具支试管中加入一定浓度乙醇水溶液（按从稀到浓的顺序），如上操作，读取微压差仪所示的最大压差 $\Delta p_{最大}$，重测 3次，取平均值。

（4）洗净具支试管和毛细管，复测重蒸馏水的表面张力，再与开始所测水的表面张力值进行比较，并加以分析。

五、数据记录和处理

（1）实验数据记于下表：

实验温度 $T=$					水的表面张力 $\sigma_0 =$			
序号	$w_{乙醇}$	最大压差 $\Delta p_{最大}$/Pa				仪器常数 K/m	σ/ (N·m^{-1})	Z/ (N·m^{-1})	Γ/ (mol·m^{-2})
		1	2	3	平均				
1	0％（水）								
2	5％								
3	10％								
4	15％								
5	20％								
6	25％								
7	30％								
8	40％								
9	0％（水）								

（2）根据水的最大压差及其表面张力求出仪器常数 K；根据乙醇水溶液的最大压差和仪器常数求出溶液的表面张力 σ；作表面张力-浓度曲线，在曲线各相应浓度处作切线，求出 Z 值，并计算各相应浓度溶液的表面吸附量 Γ；作表面吸附量-浓度曲线，并加以分析。

六、实验要点和注意事项

（1）毛细管和具支试管一定要洗干净，否则气泡可能不呈球形，也不能连续稳定地逸出，使微压差仪读数不稳定。毛细管尖端应平整光滑，注意保护勿使其碰损。

（2）毛细管一定要保持垂直，管口应恰好与液面相切。各次测量的相切程度应尽量相同。

（3）毛细管半径不能太大或太小。若太大，则测得的最大压差小，相对误差大；若太小，则气泡易成串逸出，泡压平衡时间短，读数达不到稳定平衡值。

（4）每次测量前均应将微压差仪置零，即在毛细管内外均通大气时将仪器置零。

（5）控制好气泡逸出的速度为约 $5\sim10\ s$ 一个，不能逸出太快而使仪器读数达不到稳定平衡值。各次测量的气泡逸出速度应尽量相同。

（6）作表面张力-浓度图时曲线一定要均匀平滑，线条要细，否则切线作不准。

（7）连接管及微压差仪中不能有水等阻塞物，否则压力传递不畅，毛细管口将没有气泡逸出。

七、思考和讨论

（1）用最大气泡压力法测定表面张力时为什么要读取最大压差？

（2）为什么不能将毛细管插进液体里去？

（3）本实验不用压气鼓泡，而用抽气鼓泡可以吗？

（4）气泡如逸出太快，对结果会有什么影响？为什么？

（5）本实验如果用 U 形压力计，为什么选用酒精压力计而不用水银压力计？

（6）乙醇分子的横截面积应如何求得？计算过程采用了哪些近似？

附　注

（1）管路中连接一稳压瓶，效果将更好。

（2）测定表面张力的方法有多种（参阅孙尔康等编《物理化学实验》和罗澄源等编《物理化学实验》），可根据被测对象合理选择。最大气泡压力法一般用于温度较高的熔融盐表面张力的测定，对表面活性剂尤其易起泡溶液则很难测准。拉环法精度在 1% 以内，优点是测量快，用量少，对胶体溶液特别适用，缺点是控温困难，对挥发性液体常因部分挥发而使温度较室温略低。滴体积法准确度高，易于控温，但对毛细管要求较严，尖端应平整光滑、无破损。毛细管升高法最精确，精度可达 0.05%，因而常用来作等张比容测定以研究分子的结构，缺点是对样品润湿性要求极严，只有对管壁接触角为零的样品才能获得准确结果。

实验二十　表面活性剂临界胶束浓度的测定

一、目的

（1）掌握电导法测定离子型表面活性剂临界胶束浓度的方法。

（2）测定阴离子型表面活性剂十二烷基硫酸钠溶液的临界胶束浓度。

（3）了解表面活性剂临界胶束浓度的含义及其测定的几种方法，加深对表面活性剂性质的理解。

二、基本原理

表面活性剂是指那些具有亲水亲油两亲结构，可明显降低系统的表面张力，并产生润湿、乳化、去污、发泡、增溶等一系列作用的物质。在表面活性剂溶液中，当表面活性剂的浓度增大到一定值时，表面活性剂离子或分子将会发生缔合，形成胶束。形成胶束所需表面活性剂的最低浓度，称为该表面活性剂的临界胶束浓度（critical micelle concentration），以 cmc 表示。临界胶束浓度是表面活性剂的重要特性参数，是表面活性剂表面活性的一种量度，也是表面活性剂溶液性质发生突变的一个"分水岭"。在临界胶束浓度这个窄小的浓度范围前后，溶液的许多物理化学性质如表面张力、渗透压、蒸气压、电导率、增溶作用、去污能力、光学性质等都会发生显著变化（见图Ⅱ-33）。只有在表面活性剂的浓度稍高于其临界胶束浓度时，才能充分发挥其表面活性。测定表面活性剂临界胶束浓度的方法很多，原则上，表面活性剂溶液随浓度变

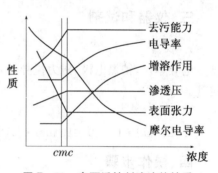

图Ⅱ-33　表面活性剂溶液的性质与浓度的关系

化的物理化学性质都可用来测定临界胶束浓度，常用的方法主要有以下几种：

（1）表面张力法。表面活性剂溶液的表面张力 σ 随其浓度 c 的增大而下降，在 cmc 处出现转折。因此，可通过测定表面张力作 σ-$\lg c$ 图确定 cmc 值。此法对离子型和非离子型表面活性剂都适用。

（2）电导法。利用离子型表面活性剂溶液的电导率 κ 或摩尔电导率 Λ_m 随浓度 c 的变化关系，作 κ-c 或 Λ_m-$c^{1/2}$ 图，由曲线上的转折点求出 cmc 值。此法只适用于离子型表面活性剂。

（3）染料法（比色法）。利用某些染料在水中和在胶束中的颜色有明显差别的性质，实验时先在大于 cmc 的表面活性剂溶液中，加入很少的染料，此时染料被加溶于胶束中，呈现某种颜色。然后用水滴定稀释此溶液，直至溶液颜色发生显著变化，这时的浓度即为 cmc。只要染料合适，此法非常简便。亦可借助于分光光度计测定溶液的吸收光谱来进行确定。此法适用于离子型、非离子型表面活性剂。

（4）增溶法（比浊法）。利用表面活性剂溶液对物质的增溶作用，根据浊度随浓度的变化来确定 cmc 值。

本实验采用电导法，通过测定不同浓度的十二烷基硫酸钠溶液的电导率，绘制电导率或

摩尔电导率与浓度的关系曲线,从曲线的转折点求得十二烷基硫酸钠的 cmc 值。

对于离子型表面活性剂溶液,当浓度较稀时,其电导率 κ 和摩尔电导率 Λ_m 随浓度 c 的变化规律和强电解质是一样的,但当浓度达到临界胶束浓度时,随着胶束的形成(此后的溶液称为缔合胶体或胶体电解质),电导率和摩尔电导率均发生明显变化(见图Ⅱ-34 和图Ⅱ-35),这就是电导法测定 cmc 的依据。

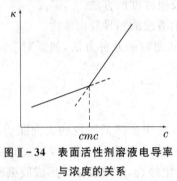

图Ⅱ-34 表面活性剂溶液电导率　　　图Ⅱ-35 表面活性剂溶液摩尔电导率
　　　　　与浓度的关系　　　　　　　　　　　　与浓度的关系

三、仪器和试剂

1. 仪器

电导率仪,铂黑电极,磁力搅拌器,50 mL 移液管 2 支,100 mL 烧杯 2 只,25 mL 酸式滴定管。

2. 试剂

$0.020\ mol \cdot L^{-1}$、$0.010\ mol \cdot L^{-1}$、$0.002\ mol \cdot L^{-1}$ 十二烷基硫酸钠,电导水。

四、操作步骤

(1) 调节电导率仪。通电前,先检查表针是否指零,如不指零,调节表头螺丝使其指零。选择“校正”,通电预热 $3\sim5$ min,稳定后,旋转校正调节器,使表针指示满刻度。选择“高周”,调节电极常数调节器与所配套的电极常数相一致,量程选择“$\times10^3$”。

(2) 移取 $0.002\ mol \cdot L^{-1}$ $C_{12}H_{25}SO_4Na$ 溶液 50 mL,放入 1$^{\#}$ 烧杯中。将电极用电导水淋洗后用滤纸小心吸干(注意:千万不可擦掉电极上所镀的铂黑),插入仪器的电极插口内,旋紧插口螺丝,浸入烧杯内的溶液中。开启搅拌,调好搅速,选择“测量”,待表针稳定后,读取电导率值。然后,依次滴入 $0.020\ mol \cdot L^{-1}$ $C_{12}H_{25}SO_4Na$ 溶液 1 mL、4 mL、5 mL、5 mL、5 mL,并记录每次滴入溶液的体积数和测得的电导率值。

(3) 选择“校正”,取出电极,用电导水淋洗,再用滤纸吸干。另取 $0.010\ mol \cdot L^{-1}$ $C_{12}H_{25}SO_4Na$ 溶液 50 mL,放入 2$^{\#}$ 烧杯中。插入电极,搅拌,测量,读取电导率值。然后,依次滴入 $0.020\ mol \cdot L^{-1}$ $C_{12}H_{25}SO_4Na$ 溶液 8 mL、10 mL、10 mL、15 mL,并记录每次滴入溶液的体积数和测得的电导率值。

实验宜恒温进行。实验结束后,关闭电源,取出电极,洗净并浸于蒸馏水中。

五、数据记录和处理

(1) 将实验数据记于下表,并计算 $C_{12}H_{25}SO_4Na$ 溶液的浓度 c、$c^{1/2}$ 和摩尔电导率 Λ_m。结果记于表中。

序号	1# 烧杯						2# 烧杯				
	1	2	3	4	5	6	7	8	9	10	11
滴入溶液体积/mL	0	1	4	5	5	5	0	8	10	10	15
溶液总体积/mL	50	51	55	60	65	70	50	58	68	78	93
$c/(\text{mol} \cdot \text{L}^{-1})$											
$c^{1/2}$											
$\kappa/(\text{S} \cdot \text{m}^{-1})$											
$\Lambda_{\text{m}}/(\text{S} \cdot \text{m}^2 \cdot \text{mol}^{-1})$											

（2）作 $\kappa\text{-}c$ 和 $\Lambda_{\text{m}}\text{-}c^{1/2}$ 图，根据曲线延长线交点，求出 $C_{12}H_{25}SO_4Na$ 溶液的 cmc 值。

注：25℃时 $C_{12}H_{25}SO_4Na$ 在水中的 cmc 文献值为 8.1×10^{-3} mol $\cdot$ L^{-1}。

六、实验要点和注意事项

（1）十二烷基硫酸钠应预先在 80℃烘干 3 h。无机盐的存在会降低测量的灵敏度，故配制溶液应用电导水。

（2）电导电极在淋洗后应用滤纸吸干（不可擦拭，切勿碰触铂黑），以保证溶液浓度的准确，使用过程中电极片必须完全浸入所测溶液中。电极用毕洗净，浸泡在蒸馏水中。

（3）每次测量前，必须校正仪器。

（4）测量过程中，搅拌速度不可太快，以免碰到电极。

七、思考和讨论

（1）表面活性剂的重要特性参数有两个，即亲水亲油平衡值 HLB 和临界胶束浓度 cmc，它们的意义分别是什么？

（2）影响电导法测定 cmc 的因素主要有哪些？

附 注

（1）测定 cmc 的方法很多，但以表面张力法、电导法较为简便准确。表面张力法无论对高表面活性还是低表面活性的表面活性剂，其 cmc 的测量都具有相似的灵敏度，该法不受无机盐的干扰，也适用于非离子型表面活性剂。电导法是个经典的方法，但只适用于离子型表面活性剂，该法对有较高活性、cmc 值较小的表面活性剂准确性较高，对 cmc 值较大者准确性较差，另外，因无机盐在水中电离，影响其电导，故无机盐的存在会降低测量的灵敏度。

（2）本实验还可进一步测定加入 NaCl 和正丁醇后十二烷基硫酸钠的 cmc 值，以此研究电解质和有机添加物的加入对 cmc 的影响以及 cmc 的改变对表面活性剂表面活性的影响。

表面活性剂一半以上用于洗涤用品，多用阴离子型表面活性剂，辅以少量非离子型和两性型表面活性剂，以改善其发泡、柔软、去污等性能。无机盐（如磷酸盐、硅酸盐、硫酸盐等）的加入能降低离子型表面活性剂的 cmc 值，使其在低浓度下充分发挥去污效能，无机盐中起作用的是与活性剂离子带相反电荷的离子，且价数越高，影响越大；少量的有机添加物（如羧甲基纤维素等）除能降低 cmc 值外，主要起抗沉积作用，提高洗涤效果。

实验二十一　溶胶的制备和电泳

一、目的

(1) 掌握溶胶的制备和净化方法,了解溶胶的电学性质和稳定性。

(2) 用界面移动法测定 $Fe(OH)_3$ 胶粒的电泳速率,计算溶胶的 ζ 电势。

二、基本原理

溶胶是粒径 $1\sim100\ nm$ 的固体微粒分散在液体介质中所形成的分散系统,具有高度分散性、聚结不稳定性和多相不均匀性,并具有动力稳定性。

溶胶的制备方法分为分散法和凝聚法两大类。分散法是把较大物质颗粒变小到胶粒大小范围,如研磨法、胶溶法(新制松软沉淀加入电解质后重新分散)、电弧法(金属电极通电产生电弧使金属变成蒸气后立即在周围冷的介质中凝聚)、超声波法等。凝聚法是把物质分子或离子凝结变大到胶粒大小范围,如化学反应法、改换溶剂法(改换溶剂使溶质溶解度降低致过饱和而凝析)等。

新制的溶胶一般常含有过多电解质或其他杂质,影响其稳定性,故必须净化处理。常用的净化方法是渗析法,它是利用半透膜具有能透过离子和小分子而不能透过胶粒的能力,将溶胶用半透膜与纯溶剂隔开,从而将溶胶中过量的电解质和杂质分离除去。若需提高渗析速度,还可适当加热或外加电场,即热渗析法和电渗析法。

胶粒是带电的,带电的原因主要是胶核表面选择吸附(优先吸附与胶核含相同元素的离子)或表面分子电离。胶粒带电、溶剂化作用及布朗运动是溶胶具有动力稳定性的三个重要原因。溶胶的稳定性受电解质的影响极大。随着溶胶中电解质浓度的增大,胶团扩散反离子层受挤压而变薄,胶粒所带电荷数减少,扩散层反离子的溶剂化作用(在胶粒周围形成具一定弹性的溶剂化外壳)减弱,溶胶稳定性下降,最终导致聚沉。电解质中起聚沉作用的主要是与胶粒带相反电荷的离子,且价数越高,聚沉能力越强。电解质的聚沉能力常用聚沉值的倒数来表示,聚沉值是指使溶胶发生明显聚沉所需电解质的最小浓度。在溶胶中加入少量高分子化合物也可使溶胶聚沉(搭桥效应),但若加入的量较多则反而会起保护作用,保护作用的结果使电解质的聚沉值增加。

因胶粒带电,而整个溶胶为电中性,故分散介质也必带等量相反电荷。因此,在外电场作用下,胶粒在分散介质中向阳极或阴极定向移动(即电泳),分散介质通过多孔膜或极细毛细管而定向流动(即电渗)。荷电的胶粒与分散介质间的电势差称为电动电势或 ζ 电势。ζ 电势越大,表明胶粒带电越多,胶粒间排斥力越大,溶胶越稳定。ζ 电势可通过测量胶粒在一定外加电场作用下的电泳速率而求得。

一般在水溶液中,当溶胶和辅助液的电导率相同时,ζ 电势可由斯莫鲁科夫斯基(Smoluchowski)公式求得:

$$\zeta=\frac{\eta u}{\varepsilon E} \tag{1}$$

式中:η 为介质的粘度,单位为 $Pa\cdot s$;u 为电泳速率,单位为 $m\cdot s^{-1}$;E 为电场强度或电位梯度,单位为 $V \cdot m^{-1}$;ε 为介质的介电常数,单位为 $F \cdot m^{-1}$($\varepsilon = \varepsilon_r \cdot \varepsilon_0$,$\varepsilon_r$ 为介质的相对介电常数,真空介电常数 $\varepsilon_0 = 8.854 \times 10^{-12}$ $F \cdot m^{-1}$)。20℃时,介质水的 $\varepsilon_r = 81$,$\eta = 0.001\,005$ $Pa \cdot s$。

三、仪器和试剂

1. 仪器

电泳仪(包括直流稳压电源、U 形电泳管、铂电极 2 支),电导率仪,直尺,铜丝或棉线,漏斗,250 mL 锥形瓶,250 mL 烧杯,电炉。

2. 试剂

10% $FeCl_3$ 溶液,0.1 mol·L^{-1} KCl 溶液,火棉胶(硝化纤维溶于 1:3 乙醇-乙醚液而得)。

四、操作步骤

1. 半透膜的制备

制备半透膜的材料用火棉胶,使用中要远离火焰。制备半透膜的过程可以看成是:火棉胶挂膜,挥发乙醚,溶去乙醇的过程。具体的步骤是:取一只洁净干燥、内壁光滑的 250 mL 锥形瓶,加入约 12 mL 火棉胶,小心转动锥形瓶,使火棉胶在瓶内壁(包括瓶颈部分)形成均匀薄膜。倾出多余的火棉胶,将瓶倒置于铁圈上,约 15 min 让乙醚挥发完,待用手指轻触不再粘手,即在瓶内注满水,浸泡约 10 min,使膜中剩余的乙醇溶去。将水倒去,在瓶口剥开一小部分膜,并由此注入蒸馏水,使膜脱落,轻轻取出即成半透膜袋。检查若有漏洞,可擦干有洞部分,用玻璃棒沾少许火棉胶轻轻接触洞口即可补好。制好的半透膜袋,不用时需在水中保存,否则易发脆裂开,且渗析能力显著下降。

2. $Fe(OH)_3$ 溶胶的制备

在 250 mL 烧杯中加 200 mL 蒸馏水,加热至沸,慢慢滴入 10% $FeCl_3$ 溶液 10 mL(在 4~5 min 滴完),并不断搅拌,加完后继续煮沸 1~2 min 使水解完全,即得红棕色 $Fe(OH)_3$ 溶胶。冷却待用。

也可用胶溶法制备:取 10% $FeCl_3$ 溶液 2 mL 于烧杯中,稀释至 10 mL,再滴加 10% NH_3H_2O 至稍过量为止,沉淀水洗数次后加水 10 mL,再加 10% $FeCl_3$ 溶液 15~20 滴,用玻璃棒搅动,并小火加热,即得。

3. $Fe(OH)_3$ 溶胶的净化

将制得的 $Fe(OH)_3$ 溶胶置于半透膜袋内,用线栓住袋口,置于盛有蒸馏水的大烧杯中,进行渗析。若要加快渗析速度可微微加热,温度不得高于 70℃。每隔 10~30 min 换一次水,直至检不出 Cl^- 和 Fe^{3+} 为止(分别用 1% $AgNO_3$ 和 KCNS 溶液检验),一般渗析 5 次。将净化后的 $Fe(OH)_3$ 溶胶移至洁净试剂瓶中,放置老化。

4. 辅助液的配制

将溶胶和最后一次渗析液冷至室温,分别测其电导率。若二者相等,则可将最后一次渗析液作为导电辅助液备用。若二者相差较大,则可在渗析液内滴加蒸馏水或 KCl 溶液进行调节,至渗析液的电导率与溶胶的电导率近乎相等为止。

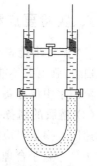

图Ⅱ-36　电泳实验
装置

5．电泳速率和ζ电势的测定

（1）测定装置如图Ⅱ-36。洗净电泳管，打开两水平活塞，将 Fe(OH)$_3$ 溶胶由小漏斗注入，至液面稍高于两水平活塞，转动活塞以排除气泡。关闭两活塞，将活塞上方的多余溶胶倒去并用蒸馏水洗净，再加入适量稀 KCl 辅助液。将电泳管垂直固定在铁架上，打开连接两臂的活塞，使两边液面等高，随即关闭该活塞。

（2）在电泳管两端插入 Pt 电极（浸入约 1 cm），接好线路，同时缓缓旋开两水平活塞，使溶胶与辅助液界面相接，且界面分明（不能有气泡）。打开电源开关，快速调节电压至 150 V 左右。当界面上升至高出某水平活塞少许时，开始计时，同时记录界面位置，以后每隔 10 min 记录一次，共测 4～6 次（或测定界面上升一定距离如 1 cm 所需的时间，测 2～3 次），取平均值。记录电压值。

（3）测完后，关闭电源。用铜丝或棉线量出两电极间的距离（不是水平距离，而应沿电泳管的中心线量取，测 3～5 次，取平均值。若采用带刻度的电泳管将更有助于测量）。

实验结束，将溶胶倒入指定瓶中，洗干净电泳管及其他玻璃仪器，电泳管内注满蒸馏水。

五、数据记录和处理

（1）实验数据记于下表：

时间 t/s				
界面高度 h/m				/
界面移动距离 l'/m				
电泳速率 u/m·s^{-1}				均值=
两极间距 l/m				均值=
电压 $U=$	电位梯度 $E=$	$\kappa_{胶}=$		$\kappa_{辅}=$

（2）计算电泳速率和电位梯度，再由(1)式计算ζ电势。

$$电泳速率\ u=\frac{界面移动距离\ l'}{时间\ t}$$

$$电位梯度\ E=\frac{电压\ U}{两极间距\ l}$$

（3）根据胶粒电泳时的移动方向判断其所带电荷的符号。

六、实验要点和注意事项

（1）制备半透膜时，加水的时间应掌握好。如加水过早，则胶膜因还有溶剂未挥发掉而呈乳白色，强度差不能用；如加水过迟，则胶膜变干变脆，不易取出且易破。制好的半透膜需放在蒸馏水中保存备用。

（2）溶胶的制备条件和净化效果均影响电泳速率。制备时应控制好浓度、温度、搅拌和滴加速度。渗析时应控制水温，常搅勤换渗析液，这样制得的溶胶胶粒大小均匀，胶粒周围反离子分布趋于合理，基本形成稳定平衡，所得的ζ电势准确，重复性好。

（3）电泳管应干净，以免其他离子和杂质干扰测定或影响溶胶的稳定性。掌握好电泳管装管技术，动作要轻缓，使界面清晰，没有气泡。

（4）溶胶与辅助液的温度应大致相同，以保证两者所测的电导率一致，并避免打开活塞时产生热对流而破坏其界面。长时间通电会使溶胶和辅助液发热，靠近管壁的溶液散热较快温度较低，从而产生热对流，使界面不清晰。

（5）在整个电泳过程中都不得使溶胶与电极接触。

七、思考和讨论

（1）电泳速率与哪些因素有关？ζ电势与哪些因素有关？

（2）电泳管两极所加电压过大或过小会有什么后果？

（3）写出 $FeCl_3$ 水解反应方程式和 $Fe(OH)_3$ 胶团结构式。解释 $Fe(OH)_3$ 胶粒带何种电荷取决于什么因素？

附 注

（1）如果所测溶胶没有颜色，则界面肉眼观察不到，这时可利用溶胶的光学性质——乳光或利用紫外光照射产生的荧光来观察界面的移动。

（2）实验中辅助液的选择很重要，因为 ζ 电势对辅助液成分非常敏感。最好用该溶胶的渗析液。电解质辅助液多选 KCl 溶液，因其正负离子的迁移速率基本相同。辅助液的电导率应与溶胶的一致，避免因界面处电场强度突变造成两臂界面移动速率不等而产生界面模糊。另外，辅助液颜色应与溶胶反差大，密度应比溶胶小。

（3）实验时两铂电极上因发生电解而有气泡析出，导致辅助液电导率变化和界面扰动，可将辅助液与电极用盐桥隔开。

实验二十二　乳状液的制备和性质

一、目的

(1) 掌握乳状液的制备、鉴别、变型和破乳方法。

(2) 了解显微镜的使用方法。

二、基本原理

乳状液是由两种互不相溶的液体混合所形成的粗分散系统,其中的一种液体以微小液滴状态分散在另一种液体中,前者称为分散相(不连续相,也称内相),后者称为分散介质(连续相,也称外相)。分散相液滴大小一般在 $0.1\sim100\ \mu m$ 之间,可用普通显微镜进行观察。

乳状液有两种类型:以水为分散相,油为分散介质的,称为油包水型,用 W/O 表示;以油为分散相,水为分散介质的,称为水包油型,用 O/W 表示。

乳状液是热力学不稳定的多相系统,其分散相液滴会自发聚结成大液滴,以至最终分层成为两相。为得到动力稳定的乳状液,就必须加入第三组分——乳化剂。乳化剂能降低油水界面张力并能在油水界面形成具有一定强度的保护膜,从而使乳状液变得稳定。乳化剂也是决定乳状液类型的主要因素,如同样油水组成,用亲水性较强的脂肪酸钠皂作乳化剂得 O/W 型乳状液,用亲油性较强的钙皂则得 W/O 型乳状液。乳化剂有表面活性剂、高分子物质和固体粉末等几种类型,其中常用的是各种表面活性剂。

判断乳状液的类型,可采用以下几种方法:

(1) 稀释法(混合法)。乳状液能被与外相相同的液体所稀释。如牛奶能被水稀释。因此,如加一滴乳状液于水中,立即散开,说明乳状液的分散介质是水,故乳状液属 O/W 型。如不立即散开,则属于 W/O 型。

(2) 染色法。用油溶性染料如苏丹 Ⅲ 染乳状液时,若是分散相星星点点着色,就是 O/W 型,若是分散介质成片着色,就是 W/O 型。这可以用肉眼或用显微镜观察。如果用的是水溶性染料如亚甲基蓝,则结果正好相反。

(3) 电导法。水相中一般都含有离子,其导电能力比油相大得多,因此,O/W 型乳状液能导电,W/O 型乳状液几乎不导电。故可通过测定乳状液的电导判断其类型。

乳状液从一种类型转变成另一种类型的现象叫做变型或转相。引起乳状液变型的因素也就是决定乳状液类型的因素,主要有相体积、乳化剂的类型、温度、电解质和容器材料的特性等。本实验在油酸钠稳定的 O/W 乳状液中加入铝盐,生成的油酸铝是 W/O 型乳化剂,因而使乳状液从 O/W 型转变成 W/O 型。

有时希望破坏乳状液,使两相分离,这个过程就是破乳,如原油脱水、污水除油、从奶制取奶油等。破乳的方法有物理法和化学法。物理法如离心分离制奶油、原油的静电破乳、超声波破乳等,加热或加高压电场也可起破乳作用。化学法即加电解质破坏吸附在油水界面上的皂使之变成脂肪酸,乳状液因而破坏。更常用的是加入某些虽有表面活性,但不能形成牢固界面膜的物质,如高级醇和某些类型的表面活性剂(称为破乳剂),这些物质能将原来的乳化剂从界面上顶替下来,但它不能稳定乳状液,从而达到破乳的目的。但若电解质或破乳剂加入过多，则常会导致乳状液变型。

三、仪器和试剂

1. 仪器

电导率仪，显微镜，磁力搅拌器，100 mL 具塞锥形瓶 5 只，试管 5 支，100 mL 烧杯 3 只，25 mL 滴定管，载玻片。

2. 试剂

1‰油酸钠（或十二烷基硫酸钠）水溶液，1‰明胶水溶液，1‰ Tween-20 水溶液，1‰苏丹Ⅲ苯溶液（或亚甲基蓝水溶液），1‰ Span-80 煤油溶液，甲苯，正丁醇，椰子油，石油醚，Span-20，饱和 AlCl₃ 溶液，饱和 NaCl 溶液，3 mol·L⁻¹盐酸，0.1 mol·L⁻¹ NaOH 溶液，硼砂，蜂蜡，液体石蜡。

四、操作步骤

1. 乳状液的制备

(1) 剂在水中法。取 1‰油酸钠（或十二烷基硫酸钠）水溶液 10 mL 于具塞锥形瓶中，逐滴加入甲苯猛烈摇荡，直到加入甲苯总量为 2 mL 为止。观察每次加入甲苯和振荡后的情况，盖紧瓶塞，待用。此为 1# 乳状液。

(2) 剂在油中法。取 1‰ Span-80 煤油溶液 10 mL 于锥形瓶中，逐滴加入水猛烈摇动，直到加入水总量为 2 mL 为止。观察现象，盖紧，待用。此为 2# 乳状液。

(3) 界面生皂法。取 0.1 mol·L⁻¹ NaOH 水溶液 30 mL 于锥形瓶中，加入 1～2 mL 椰子油，摇匀，得 3# 乳状液。

(4) 高分子物质作稳定剂。取 1‰明胶水溶液 10 mL 于锥形瓶中，逐滴加入 2 mL 甲苯（或煤油），猛烈摇动。

(5) 混合乳化剂。取 8 mL 石油醚，加少许 Span-20 使其溶解，再加入 2 mL 1‰ Tween-20 水溶液摇动之。

(6) 冷霜的制备。取 0.6 g 硼砂溶于 25 mL 水中，另取 11 g 蜂蜡溶于 25 g 液体石蜡中（需加热溶解）。当蜂蜡液尚未冷却时，在电动搅拌下将其滴入水相，冷却后即成。

上述制得的各乳状液均用下列方法中最简便的一种鉴别其类型。

2. 乳状液类型的鉴别

(1) 混合法（稀释法）。将一小滴乳状液放在载玻片上，并与此液滴并列着滴一滴水（或非极性液滴如甲苯）。此水滴（或非极性液滴）可假定是分散介质。倾斜载玻片，使两液滴接触，观察它们是否合二为一。若液滴合二为一，则表示所取液体是该乳状液的分散介质。反之，则为分散相。

也可用滴管滴几滴乳状液在盛有净水的烧杯中，观察现象。

(2) 染色法。将一种油溶性染料（如苏丹Ⅲ苯溶液）滴在载玻片上的乳状液层上。若分散介质是油，染料将很快溶解到包围着分散相液滴的介质液体中；若分散相是油，则分散相液滴将染上颜色（需要猛烈摇荡后才能染上颜色）。染色后，在显微镜下观察乳状液内外相的颜色，判断乳状液的类型。

也可取 1～2 mL 乳状液于试管中，滴入 1 滴染料溶液（苏丹Ⅲ苯溶液或亚甲基蓝水溶液),振荡,观察现象。

(3)电导法。将乳状液置于试管中,测其电导率。若分散介质是水,则应有一定的电导。否则,电导值很小。

3. 乳状液的变型

采用电导法测定乳状液的变型。取 $1^\#$ 乳状液,测其电导率。再向上述乳状液中加入一滴饱和 $AlCl_3$ 溶液,摇动后测其电导率值。继续每加一滴 $AlCl_3$ 测一次电导率,直至电导率突然下降为止。再用染色法鉴定其类型。

4. 破乳

(1)分别在两支试管中各加入 5 mL $3^\#$ 乳状液,再在其中一支试管中加入 5 mL 盐酸,另一支试管中加入 2 mL 正丁醇,摇动后,静置观察,解释实验结果。

(2)取 1~2 mL 乳状液于试管中,逐滴加入饱和 NaCl 溶液,剧烈振荡,注意观察乳状液有无破乳和变型。

(3)取 1~2 mL 乳状液于试管中,在水浴中加热,观察现象。

五、数据记录和处理

对每一实验现象仔细观察,详细记录,并加以讨论。

六、实验要点和注意事项

(1)本实验药品较多,切勿混淆和玷污。

(2)实验结束,废液倒入废液桶中,仔细清洗玻璃仪器,清洁整理实验台面。

七、思考和讨论

(1)在乳状液制备中为什么要激烈振荡?

(2)决定乳状液稳定性的因素有哪些?

(3)决定乳状液类型的因素有哪些?

实验二十三　粘度法测高聚物平均摩尔质量

一、目的

（1）测定聚乙二醇的平均摩尔质量。

（2）掌握用乌氏（Ubbelohde）粘度计测定粘度的方法。

（3）了解各种粘度的概念及其物理意义。

二、基本原理

摩尔质量是表征高聚物特性的一个重要参数，因为它不仅反映了高聚物分子的大小，而且直接关系到高聚物的物理性能。但与一般无机物或低分子有机物不同，高聚物多是聚合度不同、大小不等的高分子的混合物，所以通常所测高聚物的摩尔质量是大小不等高分子摩尔质量的统计平均值，即平均摩尔质量。由于测量原理和计算方法不同，高聚物的平均摩尔质量分为：数均摩尔质量（端基分析法和渗透压法）、质均摩尔质量（光散射法）、Z 均摩尔质量（超离心法）、粘均摩尔质量（粘度法）。在多种测量高聚物平均摩尔质量的方法中，粘度法具有设备简单、操作方便、耗时较少、精度较高等特点，因而最为常用。

高聚物在稀溶液中的粘度，主要反映液体在流动过程中所存在的内摩擦，包括溶剂分子与溶剂分子之间、高聚物分子与溶剂分子之间、高聚物分子与高聚物分子之间的内摩擦，以 η 表示。其中，溶剂分子与溶剂分子之间的内摩擦表现出来的粘度称为纯溶剂的粘度，以 η_0 表示。相同温度下，η 一般大于 η_0。为比较这两种粘度，引入相对粘度和增比粘度的概念：

$$\text{相对粘度：} \eta_r = \frac{\eta}{\eta_0} \tag{1}$$

$$\text{增比粘度：} \eta_{sp} = \eta_r - 1 \tag{2}$$

相对粘度 η_r 反映的仍是溶液三种内摩擦的总和，增比粘度 η_{sp} 反映的则是扣除溶剂分子与溶剂分子之间的内摩擦之后仅是高聚物分子与溶剂分子之间及高聚物分子与高聚物分子之间的内摩擦。

高聚物溶液的粘度除与温度、溶剂、高聚物性质有关外，还与高聚物浓度有关，浓度越大，粘度也越大。为此，常取单位浓度下呈现的粘度来进行比较，从而引入比浓粘度的概念，以 $\frac{\eta_{sp}}{c}$ 表示，又定义 $\frac{\ln \eta_r}{c}$ 为比浓对数粘度。因 η_r 和 η_{sp} 都是量纲为 1 的量，故 $\frac{\eta_{sp}}{c}$ 和 $\frac{\ln \eta_r}{c}$ 的单位视浓度 c 的单位（常用 g·mL^{-1}）而定。根据实验，在足够稀溶液中，比浓粘度和比浓对数粘度与浓度之间有如下线性关系（见图Ⅱ-37）：

$$\frac{\eta_{sp}}{c} = [\eta] + k[\eta]^2 c \tag{3}$$

$$\frac{\ln \eta_r}{c} = [\eta] - \beta[\eta]^2 c \tag{4}$$

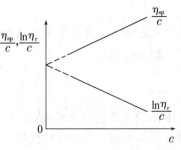

图Ⅱ-37　外推法求特性粘度 η

可见,当浓度 c 趋于零时,比浓粘度和比浓对数粘度都趋近于同一个极限值 $[\eta]$,此极限值反映的是扣除高聚物分子与高聚物分子之间的内摩擦之后仅是高聚物分子与溶剂分子之间的内摩擦,称为高聚物溶液的特性粘度,它主要取决于溶剂的性质和聚合物的形态、大小。若为方便起见,引入相对浓度 c' 作图(相对浓度 $c' = \dfrac{\text{实际浓度 } c}{\text{起始浓度 } c_0}$),则 $[\eta] = \dfrac{\text{截距}}{c_0}$。

特性粘度 $[\eta]$ 与高聚物平均摩尔质量 M 之间有如下半经验的麦克(Mark)非线性关系:

$$[\eta] = KM^a \tag{5}$$

式中,K、α 为常数,可通过其他方法求得,一般 α 值在 $0.5 \sim 1$ 之间。对聚乙二醇的水溶液,不同温度下的 K、α 值见表 Ⅱ-4:

表 Ⅱ-4　聚乙二醇水溶液在不同温度下的 K、α 值

温度/℃	$K/(\text{mL} \cdot \text{g}^{-1})$	α	$M/(\text{g} \cdot \text{mol}^{-1})$
25	0.156	0.50	190～1 000
30	0.012 5	0.78	20 000～5 000 000
35	0.006 4	0.82	30 000～7 000 000
35	0.016 6	0.82	400～4 000

由(5)式可见,高聚物平均摩尔质量的测定最后归结为溶液特性粘度的测定。

粘度的测定方法有多种,如毛细管法、落球法、转筒法等,前者适用于较低粘度的液体,后两者适用于较高粘度的液体。毛细管法测定粘度的依据是液体的粘度可以用一定体积液体在重力作用下流经毛细管的时间来衡量。根据泊塞勒(Poiseuille)公式:

$$\eta = \frac{\pi r^4 th g\rho}{8lV} - \frac{mV\rho}{8\pi lt} \tag{6}$$

式中:V 为流经毛细管液体的体积;l 为毛细管的长度;r 为毛细管半径;t 为流出时间;h 为作用于毛细管中液体的平均液柱高度;g 为重力加速度;ρ 为液体密度;m 为毛细管末端校正的参数(一般在 r 远小于 l 时可以取 $m = 1$)。对指定粘度计,(6)式可写成:

$$\eta = A\rho t - \frac{B\rho}{t} \tag{7}$$

式中,$B < 1$,当液体流动较慢(流出时间 $t > 100$ s)时,该项(称动能校正项)可忽略,得

$$\eta = A\rho t \tag{8}$$

又因测定通常是在稀溶液中进行,溶液的密度 ρ 与纯溶剂的密度 ρ_0 可视为相等,故溶液的相对粘度可表示为:

$$\eta_r = \frac{\eta}{\eta_0} = \frac{A\rho t}{A\rho_0 t_0} \approx \frac{t}{t_0} \tag{9}$$

式中:t 为溶液的流出时间;t_0 为纯溶剂的流出时间。据此,粘度的测定归结为流出时间的测定。本实验用毛细管粘度计分别测定高聚物稀溶液和纯溶剂的流出时间,根据(9)式、(2)式求得 η_r、η_{sp},然后通过作图外推求得 $[\eta]$,再由(5)式求得 M。

三、仪器和试剂

1. 仪器

乌氏粘度计,恒温槽,秒表,吸球,小段软胶管,管夹,10 mL 移液管 2 支,3 号玻璃砂漏斗,100 mL 容量瓶,50 mL 锥形瓶。

2. 试剂

聚乙二醇,蒸馏水。

四、操作步骤

1. 配制高聚物溶液

准确称取 2.5 g 左右聚乙二醇(聚乙二醇的用量视其平均摩尔质量而定,使溶液对溶剂的相对粘度在 1.1~2.0 之间为宜),置于 100 mL 容量瓶中,加入约 60 mL 蒸馏水,振荡使之完全溶解,加水至刻度,摇匀。如溶液中有固体杂质,则用 3 号玻璃砂漏斗过滤后备用。过滤不能用滤纸,以免纤维混入。

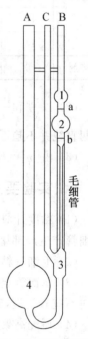

图Ⅱ-38　乌氏粘度计

2. 安装粘度计

调节恒温槽温度为 (30.00 ± 0.05) ℃,将蒸馏水和聚乙二醇溶液置于恒温槽中恒温。取洁净干燥粘度计(见图Ⅱ-38),在 C 管上端套一软胶管,并用管夹夹紧使之不漏气。将粘度计垂直放入恒温槽中,使 1 球完全浸没在水中,固定好。粘度计放置点要合适,以便观察。恒温槽搅拌速度应适当,不致产生剧烈振动,影响测定。

3. 测定溶剂流出时间 t_0

用移液管移取约 10 mL 蒸馏水由 A 管注入粘度计中,待恒温后,用吸球由 B 处将液体经毛细管缓缓吸入球 2 和球 1 中(注意切勿将液体吸入吸球内,B 管内不能有气泡),松开吸球和 C 管管夹,使 B 管中液柱形成气承悬液柱,液体依靠重力自由流下。当液面到达刻度线 a 时,按下秒表开始计时,当液面下降到刻度线 b 时,按停秒表,记录液体流经毛细管的时间。重复三次,相差不应超过 0.3 s,取平均值,此即溶剂流出时间 t_0。

4. 测定溶液流出时间 t

将粘度计中的蒸馏水倒净吹干,准确移取 10 mL 聚乙二醇溶液注入粘度计中,用吸球将溶液反复抽吸至球 1 内几次,使粘度计内各处溶液浓度均匀。如上操作,测定相对浓度 $c' = 1$ 溶液的流出时间 t_1。然后依次加入 10 mL 蒸馏水,将溶液稀释成相对浓度为 1/2、1/3、1/4、1/5 的溶液,并分别测定其流出时间 t_2、t_3、t_4、t_5。每个数据均重复三次,取平均值。

5. 复测溶剂流出时间

将粘度计洗净、蒸馏水荡洗后,注入约 10 mL 蒸馏水,复测溶剂的流出时间,并与开始所测溶剂的流出时间进行比较,并加以分析。

实验结束,洗净各玻璃仪器,将粘度计倒置使其晾干。

五、数据记录和处理

(1) 实验数据记于下表：

实验温度：_____，溶液起始浓度 c_0 = _____ $g \cdot mL^{-1}$。

	相对浓度 c'	流出时间 t/s				η_r	η_{sp}	$\ln\eta_r$	$\dfrac{\eta_{sp}}{c}$	$\dfrac{\ln\eta_r}{c}$
		1	2	3	平均					
溶剂	0					1	0	0	/	/
溶液	1									
	1/2									
	1/3									
	1/4									
	1/5									
溶剂	0									

(2) 以 $\dfrac{\eta_{sp}}{c}$ 和 $\dfrac{\ln\eta_r}{c}$ 对相对浓度 c' 作图，外推至 $c'=0$，由截距求出特性粘度：$[\eta] = \dfrac{截距}{c_0}$。若两直线并不趋近于同一极限值，则以前者比浓粘度的截距为准进行计算。

(3) 由 $[\eta] = KM^\alpha$ 求出聚乙二醇的平均摩尔质量 M。

六、实验要点和注意事项

(1) 粘度计应洁净，恒温，垂直放置，避免振动。有时微量的灰尘、油污或纤维等都可使毛细管产生局部堵塞现象，影响测量。故所用溶液和蒸馏水宜先用玻璃砂漏斗过滤。

(2) 毛细管粘度计属于易损玻璃仪器，使用时应轻拿轻放，固定时不能太紧或太松。

(3) 每次测定前应将液体充分混匀并恒温。抽吸应缓慢，切勿将液体吸入吸球内。B管内不应有气泡，若有，应赶至 A 管中。

(4) 所配高聚物溶液应使其对溶剂的相对粘度在 1.1～2.0 的线性浓度范围。

(5) 对球 2 体积为 5 mL 的乌氏粘度计一般要求溶剂流出时间为 100～130 s 之间。

(6) 有时 10 mL 液体抽吸至 B 管球 2 和球 1 后即不能将粘度计底部液封住，导致气泡进入，此时取样量应适当多一些，如 12 mL。

(7) 有的粘度计球 4 体积过小，此时不能直接在粘度计内进行稀释，可先将粘度计内溶液倒入洁净锥形瓶内(尽量倒干净)，然后移取蒸馏水清洗粘度计后倒入锥形瓶中稀释混匀，再取适量混合样进行测量。

(8) 若高聚物为聚乙烯醇，则因其易起泡，配液时应加 1～2 滴正丁醇(消泡剂)。

七、思考和讨论

(1) 高聚物在稀溶液中的粘度是它在流动过程所存在的内摩擦(包括溶剂分子与溶剂分子之间、高聚物分子与高聚物分子之间、高聚物分子和溶剂分子之间等三种内摩擦)的反映。纯溶剂的粘度、相对粘度、增比粘度、特性粘度反映的分别是何种内摩擦？

(2) 为何 $\left(\dfrac{\ln \eta_r}{c}\right)_{c\to 0} = \left(\dfrac{\eta_{sp}}{c}\right)_{c\to 0}$?

(3) 粘度计毛细管太粗或太细会有什么后果?

(4) 乌氏粘度计由 A、B、C 三管相连而成,它们各起什么作用?

(5) 乌氏粘度计有何优点? 本实验能否改用双管粘度计(即去除 C 管而成奥氏粘度计)? 为什么?

结构化学实验部分

实验二十四　摩尔折射度的测定

一、目的

（1）测定某些化合物的折射率和密度，求算化合物、基团和原子的摩尔折射度，判断各化合物的分子结构。

（2）进一步熟悉阿贝折射仪，正确掌握其使用方法。

二、基本原理

摩尔折射度（R）是在光的照射下分子中电子（主要是价电子）云相对于分子骨架运动的结果，它可以作为分子中电子极化率的量度，其定义为：

$$R = \frac{n^2-1}{n^2+2} \times \frac{M}{\rho} \tag{1}$$

式中：n 为折射率；M 为摩尔质量；ρ 为密度。

摩尔折射度与波长有关。若以钠光 D 线为光源（属于高频电场，$\lambda = 589.3\ nm$），所测得的折射率以 n_D 表示，相应的摩尔折射度以 R_D 表示，根据麦克斯韦电磁波理论，物质的介电常数 ε 和折射率 n 之间有如下关系：

$$\varepsilon = n^2 \tag{2}$$

ε 和 n 均与波长有关。将（2）式代入（1）式，得：

$$R = \frac{\varepsilon-1}{\varepsilon+2} \times \frac{M}{\rho} \tag{3}$$

ε 通常是在静电场或低频电场（λ 趋于 ∞）中测定的，因此折射率也应该用外推法求 λ 趋于 ∞ 时的 n_∞，其结果才更准确，这时的摩尔折射度以 R_∞ 表示。R_D 和 R_∞ 一般较接近，相差约百分之几，只对少数物质是例外，如水（n_D）$^2 = 1.75$，而 $\varepsilon = 81$。

摩尔折射度含有体积的因次，通常以 $mL \cdot mol^{-1}$ 表示。实验结果表明，摩尔折射度具有加和性，即摩尔折射度等于分子中各个原子的折射度以及形成化学键时折射度的增量之和。离子化合物的摩尔折射度等于其离子折射度之和。利用物质摩尔折射度的加和性，就可根据物质的化学式算出其各种同分异构体的摩尔折射度并与实验测定结果作比较，从而探讨原子间的键型及分子结构。表Ⅱ-5 列出一些常见原子的折射度及形成化学键时折射度的增量。

表Ⅱ-5　常见原子的折射度及形成化学键时折射度的增量

原　子	R_D	原　子	R_D
H	1.028	S（硫化物）	7.921
C	2.591	CN（腈）	5.459
O（酯类）	1.764	O（缩醛类）	1.607

（续表）

原　子	R_D	键的增量	R_D
OH（醇）	2.546	单键	0
Cl	5.844	双键	1.575
Br	8.741	三键	1.977
I	13.954	三元环	0.614
N（脂肪族的）	2.744	四元环	0.317
N（芳香族的）	4.243	五元环	−0.19
		六元环	−0.15

三、仪器和试剂

1. 仪器

阿贝折射仪，电子天平，25 mL 容量瓶 5 只，25 mL 移液管 5 支，滴管 5 支，镜头纸。

2. 试剂

无水乙醇，乙酸甲酯，乙酸乙酯，二氯乙烷，四氯化碳（均为分析纯）。

四、操作步骤

（1）用量瓶法测定液体的密度。取 5 只洁净干燥容量瓶，编号，用电子天平称量，记录空瓶质量。在 5 只容量瓶中分别移取 25 mL 无水乙醇、乙酸甲酯、乙酸乙酯、二氯乙烷、四氯化碳加入，再次称其质量。

（2）用阿贝折射仪分别测量上述物质的折射率，各测三次，取平均值。

实验结束，将所有样品倒回原试剂瓶，注意切勿倒错。

五、数据记录和处理

（1）记录各化合物的折射率和密度，查出摩尔质量，求算摩尔折射度。数据记于下表：

序号	试液	瓶重/g	瓶+液重/g	液重/g	$\rho/(g \cdot mL^{-1})$	n	$M/(g \cdot mol^{-1})$	$R/(mL \cdot mol^{-1})$
1	乙醇							
2	乙酸甲酯							
3	乙酸乙酯							
4	二氯乙烷							
5	四氯化碳							

（2）根据上述物质的摩尔折射度和摩尔折射度的加和性，依次计算 CH_2、Cl、C、H、OH（醇）等基团或原子的摩尔折射度，并与表Ⅱ-5文献结果作比较。

六、实验要点和注意事项

（1）实验宜在恒温条件下进行，阿贝折射仪也应进行校正。

（2）试样及相应的移液管、滴管、量瓶等均应专物专用，切勿搞混。公用物品用后应立即放回原处。

（3）滴管用毕要放正，切勿随意倒置，以免残液及后续样液被胶头污染。

（4）阿贝折射仪使用时，注意滴管等硬物切勿碰及镜面，样品要铺满，锁钮要旋紧，动作要迅速，擦镜要用镜头纸顺同一方向轻轻揩干（不可来回擦）。

七、思考和讨论

（1）根据表Ⅱ-5文献数据，计算乙醇、乙酸甲酯、乙酸乙酯、二氯乙烷、四氯化碳等化合物的摩尔折射度，并与实验结果作比较。

（2）讨论摩尔折射度实验值误差产生的原因，估算其相对误差。

附　注

（1）对于共价键化合物，摩尔折射度的加和性还表现为：分子的摩尔折射度等于分子中各个化学键的摩尔折射度之和。表Ⅱ-6列出了一些由实验总结出来的共价键的摩尔折射度数据。

表Ⅱ-6　共价键的摩尔折射度

键	R_D	键	R_D	键	R_D
C—C	1.296	C—Cl	6.51	C≡N	4.82
C—C(环丙烷)	1.50	C—Br	9.39	O—H(醇)	1.66
C—C(环丁烷)	1.38	C—I	14.61	O—H(酸)	1.80
C—C(环戊烷)	1.26	C—O(醚)	1.54	S—H	4.80
C—C(环己烷)	1.27	C—O(缩醛)	1.46	S—S	8.11
C····C(苯环)	2.69	C＝O	3.32	S—O	4.94
C＝C	4.17	C＝O(甲基酮)	3.49	N—H	1.76
C≡C(末端)	5.87	C—S	4.61	N—O	2.43
C芳香—C芳香	2.69	C＝S	11.91	N＝O	4.00
C—H	1.676	C—N	1.57	N—N	1.99
C—F	1.45	C＝N	3.75	N＝N	4.12

对于同一化合物，由表Ⅱ-5和表Ⅱ-6数据求得的摩尔折射度有略微差异。

对于某些化合物，由表中数据求得的结果与实验测定结果相差较大，可能是因为表中数据只考虑到相邻原子间的相互作用而忽略了不相邻原子间的相互作用，或忽略了分子中各化学键间的相互作用。如作相应的修正，二者结果将趋于一致。

（2）折射法的优点是快速，精确度高，样品用量少且设备简单。摩尔折射度在化学上除了可鉴别化合物，确定化合物的结构外，还可分析混合物的成分，测量浓度、纯度，计算分子的大小，测定摩尔质量，研究氢键和推测配合物的结构。此外，根据摩尔折射度与其他物理化学性质的关系还可推求出这些性质的数据。

实验二十五　偶极矩的测定

一、目的

（1）用溶液法测定极性分子正丁醇的偶极矩。
（2）了解溶液法测定偶极矩的原理、方法和计算。
（3）了解偶极矩与分子电性质的关系。

二、基本原理

分子中正、负电荷的总值相等，但正、负电荷的中心可以重合，也可以不重合，重合者称非极性分子，不重合者称极性分子。分子极性的大小常用偶极矩来量度，其定义是分子正负电荷中心所带的电荷量 q 与正负电荷中心之间的距离 r 的乘积（方向由正到负），即：

$$\mu = q \cdot r$$

分子中原子间距离的数量级是 10^{-10} m，电荷的数量级是 10^{-20} C，故偶极矩的数量级为 10^{-30} C·m。习惯上偶极矩的单位常以德拜（Debye）表示，简写为 D：

$$1\ \mathrm{D} = 1 \times 10^{-18}\ \mathrm{esu}（静电单位）\cdot \mathrm{cm} = 3.335\,64 \times 10^{-30}\ \mathrm{C} \cdot \mathrm{m}$$

通过偶极矩的测定可以了解分子结构中有关电子云的分布和分子的对称性等情况，还可以用来判别几何异构体和分子的立体结构等。测定偶极矩的方法有介电常数法、温度法、分子束法、分子光谱法及利用微波谱的斯诺克法等，本实验采用较常见也较简便的介电常数法。

非极性分子无永久偶极矩，$\mu = 0$。极性分子有永久偶极矩，在没有外电场存在时，由于分子的热运动，偶极矩指向各方向机会相等，大量分子的平均偶极矩为零。

在电场中，分子发生极化。非极性分子的极化包括电子极化（电子云变形）和原子极化（分子骨架变形）两部分，二者之和称为变形极化（或诱导极化）。极性分子除变形极化外，还包括其永久偶极矩在电场中取向而产生的转向极化，故总的摩尔极化度 P 为：

$$P = P_{变形} + P_{转向} = (P_{电子} + P_{原子}) + P_{转向}$$

其中，变形极化度与外电场强度成正比，与温度无关；转向极化度与分子永久偶极矩的平方成正比，与热力学温度成反比：

$$P_{转向} = \frac{1}{4\pi\varepsilon_0} \cdot \frac{4}{3}\pi N_A \frac{\mu^2}{3kT} = \frac{N_A\mu^2}{9\varepsilon_0 kT} \tag{1}$$

式中：ε_0 为真空介电常数（8.854×10^{-12} F·m^{-1}）；k 为玻尔兹曼常数；N_A 为阿伏加德罗常数。

在交变电场中，电场频率将影响极性分子的极化情况：

低频（小于 10^{10} Hz）时，$P_{低} = P_{电子} + P_{原子} + P_{转向}$；中频（$10^{12} \sim 10^{14}$ Hz）时，极性分子的转向跟不上电场的变化，$P_{转向} = 0$，$P_{中} = P_{电子} + P_{原子}$；高频（大于 10^{15} Hz）时，极性分子的转向和分子骨架变形都跟不上电场的变化，$P_{转向} = 0$，$P_{原子} = 0$，$P_{高} = P_{电子}$。

因此，原则上通过改变交变电场的频率，只要分别测定低频和中频电场中极性分子的摩尔极化度，两者相减即得 $P_{转向}$，进而由式（1）求得极性分子的永久偶极矩 μ。

克劳修斯–莫索第–德拜(Clausius-Mosotti-Debye)从电磁理论得出摩尔极化度 P 与相对介电常数 ε、摩尔质量 M、密度 ρ 的关系式为:

$$P = \frac{\varepsilon - 1}{\varepsilon + 2} \cdot \frac{M}{\rho} \tag{2}$$

该式是假定分子间无相互作用而导出的,故只适用于稀薄气体。但测定气相的介电常数和密度在技术上难度较大,故采用溶液法,其基本思想是:在无限稀释的非极性溶剂 1 的溶液中,溶质分子 2 所处的状态与气相相近,测出的溶质摩尔极化度 P_2^{∞} 就可视为式(2)中的 P。

$$P_2^{\infty} = P_{2电子} + P_{2原子} + P_{2转向}$$

式中,$P_{2电子}$ 可通过测量折射率 n 和密度 ρ,利用罗伦兹-罗伦斯(Lorenz-Lorentz)公式求出:

$$P_{2电子} = \frac{n^2 - 1}{n^2 + 2} \cdot \frac{M_2}{\rho_2} = R (摩尔折射度)$$

原子极化度 $P_{2原子}$ 尚无直接测量的实验方法,但其值很小,只有电子极化度的 $5\% \sim 10\%$,而电子极化度又比转向极化度小得多,因此通常忽略原子极化,故有:

$$P_{2转向} \approx P_2^{\infty} - P_{2电子} = P_2^{\infty} - R$$

由式(1),得

$$\mu = \left[\frac{9\varepsilon_0 k T}{N_A} (P_2^{\infty} - R) \right]^{1/2} = 0.042\,74 \times 10^{-30} \left[(P_2^{\infty} - R) T \right]^{1/2} \tag{3}$$

式中:P_2^{∞}、R 和温度 T 分别是以 $m^3 \cdot mol^{-1}$ 和 K 为单位的纯数;μ 的单位是 $C \cdot m$。

稀溶液中,溶液的介电常数 ε 及折射率的平方 n^2 与溶质的质量分数 w_2 有如下线性关系:

$$\varepsilon = \varepsilon_1 + a_s w_2 \tag{4}$$

$$n^2 = n_1^2 + a_n w_2 \tag{5}$$

经古根海姆-史密斯(Guggenheim-Smith)对式(3)进行简化和改进,可省去溶液密度的测量,得如下公式:

$$\mu = \left[\frac{27\varepsilon_0 k}{N_A} \cdot \frac{M_2 T}{\rho_1 (\varepsilon_1 + 2)^2} \cdot (a_s - a_n) \right]^{1/2}$$

$$= 0.074\,03 \times 10^{-30} \left[\frac{M_2 T}{\rho_1 (\varepsilon_1 + 2)^2} \cdot (a_s - a_n) \right]^{1/2} \tag{6}$$

相对介电常数的测定有电桥法(小电容法)、共振法、频率法,后二者抗干扰性能好,精度高,但仪器价格较贵。本实验采用电桥法,即通过测量电容而计算得到:

$$\varepsilon = \frac{\varepsilon_x}{\varepsilon_0} = \frac{C_x}{C_0} \tag{7}$$

式中,C_0 是以真空为介质时的电容,通常可以空气为介质时的电容 $C_{空}$ 代替。

实验测得电容池的电容 C_x' 由样品的电容 C_x 和仪器的分布电容 C_d 并联构成,即:

$$C_x' = C_x + C_d \tag{8}$$

其中,C_x 随介质而异,C_d 是恒定的,只与仪器的性质有关,在测量中要扣除。实验用已知介电常数的标准物质(本实验用环己烷)与空气分别测量电容值 C',则:

$$C_{空}' = C_{空} + C_d$$

$$C_{标}' = C_{标} + C_d$$

又

$$\varepsilon_{标} \approx \frac{C_{标}}{C_{空}}$$

联立以上三式,可得:

$$C_d = \frac{\varepsilon_{标} \, C'_{空} - C'_{标}}{\varepsilon_{标} - 1} \tag{9}$$

$$C_0 \approx C_{空} = C'_{空} - C_d = \frac{C'_{标} - C'_{空}}{\varepsilon_{标} - 1} \tag{10}$$

三、仪器和试剂

1. 仪器

数字小电容测量仪,电容池,阿贝折射仪,电子天平,超级恒温槽,干燥器,电吹风,50 mL 容量瓶 6 只,1 mL 移液管 6 支,滴管 6 支,镜头纸。

2. 试剂

正丁醇,环己烷(均为分析纯且预先干燥处理)。

四、操作步骤

1. 溶液配制

用称量法配制正丁醇质量分数分别为 0,0.050,0.100,0.150,0.200,0.250 的正丁醇-环己烷溶液。所用试剂均需无水,操作过程动作要快,防止挥发和吸水,配好后迅速盖好,置于干燥器中。

2. 折射率的测定

用阿贝折射仪测定上述纯环己烷及五种浓度溶液的折射率。每个样测三次,相差不超过 0.000 2。

3. 介电常数的测定

(1) C_0 和 C_d 的测定。用电吹风冷风将电容池样品室吹干,将电容池与电容测量仪相连,在量程选择键全部弹起的状态下,开启电源,预热 10 min,调零,然后按下"20 pF"键,待数显稳定后读数,即 $C'_空$。

移取 1 mL 环己烷注入样品室,然后用滴管逐滴加入样品,至数显稳定后读数,即 $C'_标$(注意样品不可多加,否则会腐蚀密封材料,渗入恒温腔)。将样品倒入回收瓶中,重新装样再次测 $C'_标$,两次测量相差不超过 0.02 pF。

(2) 溶液电容的测定。方法同上。每次加样前,应确保电容池残余液已吹干除净,为此,需先复测 $C'_空$ 直至与前述测量值一致(相差不超过 0.02 pF)后,再装样测其 C'_x。

五、数据记录和处理

(1) 实验数据记于下表:

实验温度:_____,$C'_空$ = _____ pF,C_0 = _____ pF,C_d = _____ pF。

序　号		1	2	3	4	5	6
质量分数 w_2		0	0.050	0.100	0.150	0.200	0.250
折射率 n	1						
	2						
	3						
	平均						
n^2							
电容	C'_x/pF						
	C_x/pF						
介电常数 ε							

（2）根据下述环己烷的密度和介电常数与温度的关系（式中，t 为摄氏温度℃）计算实验温度时环己烷的密度 ρ_1 和介电常数 ε_1（即 $\varepsilon_{标}$）：

$$\rho_1/\mathrm{g \cdot cm^{-3}} = 0.797\,07 - 0.887\,9 \times 10^{-3}\,t - 0.972 \times 10^{-6}\,t^2 + 1.55 \times 10^{-9}\,t^3$$

$$\varepsilon_1 = 2.023 - 0.001\,6(t-20)$$

（3）根据（9）式和（10）式求 C_0 和 C_d。

（4）根据（8）式求不同浓度溶液的 C_x。

（5）根据（7）式求不同浓度溶液的 ε。

（6）作 $\varepsilon - w_2$ 和 $n^2 - w_2$ 图，由直线斜率求得 a_ε 和 a_n。

（7）根据（6）式求正丁醇的永久偶极矩 μ，并与文献值作比较。

六、实验要点和注意事项

（1）所用样品和器具均需干燥无水（试剂应预先用无水硫酸铜或金属钠脱水精馏并干燥保存），操作过程动作应迅速，注意密封，防止挥发和吸水。样品池不能用水洗（应用非极性溶剂清洗），也不能用水恒温（应用介电常数很小的变压器油）。

（2）每次换样前均应将样品池倒净并用冷风吹干，再复测 $C'_空$ 至几无偏差。

（3）每次装样量应相同，液面略高于两电极。样品过多会腐蚀密封材料，渗入恒温腔，实验无法正常进行。

（4）进行"采零"操作或不测量时，应拔下外电极插座。

（5）尽量满足溶液无限稀的条件，溶液配制浓度不宜过大。

（6）电容池各部件的连接应注意绝缘。

（7）实验宜在恒温条件下进行。

七、思考和讨论

（1）极性分子的总摩尔极化度由哪几部分构成？各部分大小关系如何？哪部分与偶极矩相关？

（2）溶液法测定极性分子的偶极矩时，为什么要将它溶于非极性溶剂中配成稀溶液？

（3）实验中主要误差来源是什么？如何减少这些误差？

（4）为什么本实验所用试剂和器具均必须干燥无水？

（5）属于什么点群的分子有偶极矩？

附　注

　　溶液法测定的溶质偶极矩与气相所测的真实偶极矩值有一定偏差，其原因主要是非极性溶剂分子与极性溶质分子间存在相互作用——溶剂化作用，由此引起的偏差称为溶液法测定偶极矩的"溶剂效应"。据此可以研究非极性溶剂分子与极性溶质分子间的相互作用。

实验二十六 磁化率的测定

一、目的

（1）掌握古埃（Gouy）法测定磁化率的原理和方法。

（2）测定几种物质的磁化率，求算其分子磁矩和未成对电子数，判断其配键类型。

二、基本原理

物质在外磁场作用下会发生磁化而产生一附加磁场，这就是物质的磁性。物质的磁性一般可分为反磁性、顺磁性和铁磁性。反磁性是指磁化方向和外磁场方向相反时所产生的磁效应。在外磁场作用下，电子的拉摩进动产生了一个与外磁场方向相反的诱导磁矩是物质具有反磁性的原因。反磁性是普遍存在的。顺磁性是指磁化方向和外磁场方向相同时所产生的磁效应。在外磁场作用下，使原子、离子或分子的固有磁矩顺着磁场方向转向是顺磁性产生的原因。铁磁性是指在低外磁场中就能达到饱和磁化，并在去掉外磁场时其磁性并不立即随之消失，呈现出滞后现象等一些特殊的磁效应。磁畴的存在是物质具有铁磁性的原因。

除铁磁性物质外，物质在外磁场中的磁化强度 I 与外磁场强度 H 成正比：

$$I = \chi H = \chi \frac{B}{\mu_0} \tag{1}$$

式中：B 是磁感应强度，单位为 T（特斯拉）；μ_0 是真空磁导率，其值为 $4\pi \times 10^{-7}$ N·A^{-2}（或 H·m^{-1}）；比例常数 χ 称为物质的体积磁化率。在化学上，常用质量磁化率 χ_m 和摩尔磁化率 χ_M，它们的定义是：

$$\chi_m = \frac{\chi}{\rho} \tag{2}$$

$$\chi_M = \chi_m \cdot M \tag{3}$$

式中：ρ、M 分别为物质的密度和摩尔质量。体积磁化率、质量磁化率、摩尔磁化率的单位分别为 1、m^3·kg^{-1}、m^3·mol^{-1}。

物质的磁性与原子、离子或分子的微观结构有关。当原子、离子、分子中的电子均已成对时，物质没有永久磁矩，在外磁场中只有电子的拉摩进动产生的反磁性，$\chi < 0$。当原子、离子、分子中存在未成对电子时，物质就有永久磁矩，它在外磁场中会顺着外磁场方向定向排列，产生顺磁性，$\chi > 0$。顺磁性物质的摩尔磁化率是摩尔顺磁化率 $\chi_顺$ 和摩尔反磁化率 $\chi_反$ 之和，但因 $\chi_反$ 远小于 $\chi_顺$，故有：

$$\chi_M = \chi_顺 + \chi_反 \approx \chi_顺 = \frac{N_A \mu_m^2 \mu_0}{3kT} \tag{4}$$

式中：N_A 为阿伏加德罗常数；k 为玻尔兹曼常数；T 为热力学温度；μ_m 为分子永久磁矩，它与总自旋量子数 S 有如下关系（$S = n/2$，n 是未成对电子数）：

$$\mu_m = 2\sqrt{S(S+1)}\mu_B = \sqrt{n(n+2)}\mu_B \tag{5}$$

式中：μ_B 是单个自由电子自旋所产生的磁矩，称为玻尔磁子，它与电子电荷 e、电子质量 m_e

和普朗克常数 h 的关系为:

$$\mu_B = \frac{eh}{4\pi m_e} = 0.927\ 41 \times 10^{-23}\ \text{J} \cdot \text{T}^{-1}$$

综上所述,实验测定顺磁性物质的摩尔磁化率后,由(4)、(5)两式即可求得分子磁矩和未成对电子数,进而推断某些原子、离子或分子的电子组态及络合物分子的配键类型等。例如,自由 Ni^{2+} 有 2 个未成对电子,它可以生成有四个配位体的两种类型的络合物。如果是四面体,用 sp^3 杂化轨道,有 2 个未成对电子,应是顺磁性的;如果是平面四边形,用 dsp^2 杂化轨道,没有未成对电子,应是反磁性的。表示如下:

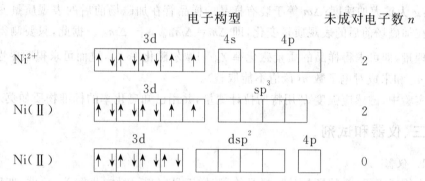

反磁性物质的摩尔磁化率即其摩尔反磁化率 $\chi_{反}$,其分子磁矩 $\mu_m = 0$,未成对电子数 $n = 0$。

磁化率的测定方法通常可分为共振法(感应法)和天平法(受力法)两类。本实验采用古埃磁天平法,其装置如图Ⅱ-39所示。

将装有足够多样品的玻璃样品管悬挂在天平的一个臂上,使样品的底部与两磁极的中心轴相齐,即位于磁感应强度 B 最大处,样品的顶部位于磁感应强度 B_0 很弱(近似为零)处。这样,样品就处在一个方向由上向下的不均匀磁场中。设管中样品的横截面积为 A,沿磁场方向 dl 的小体积元为 $dV = Adl$,则该体积元样品在不均匀磁场中所受到的作用力 dF(其方向顺磁时朝下,反磁时朝上)为:

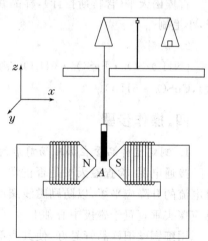

图Ⅱ-39 古埃磁天平示意图

$$dF = (\chi - \chi_0) \cdot H \cdot \frac{dB}{dl} \cdot dV = (\chi - \chi_0)\frac{B}{\mu_0}AdB$$

式中:χ、χ_0 分别为样品和周围介质的体积磁化率。对上式积分,得样品在不均匀磁场中所受到的作用力:

$$F = \int_{B_0}^{B}(\chi - \chi_0)A\frac{B}{\mu_0}dB = \frac{1}{2}(\chi - \chi_0)\frac{A}{\mu_0}(B^2 - B_0^2) \tag{6}$$

因 χ_0、B_0 均可忽略不计,故上式可简化为:

$$F = \frac{\chi AB^2}{2\mu_0} = \frac{\chi VB^2}{2l\mu_0} = \frac{\chi mB^2}{2\rho l\mu_0} = \frac{\chi_m mB^2}{2l\mu_0} \tag{7}$$

式中:V、l、m、ρ、χ_m 分别为样品的体积、高度、质量、密度和质量磁化率。

样品因受此不均匀磁场对它的作用力,而使其表观质量发生变化。用磁天平称出样品在加磁场前后的表观质量变化 Δm,则显然有

$$F = \Delta m \cdot g = \frac{\chi_m m B^2}{2l\mu_0} \tag{8}$$

故

$$\chi_m = \frac{2\Delta m \cdot g l \mu_0}{m B^2} \tag{9}$$

$$\chi_M = \chi_m \cdot M = \frac{2\Delta m \cdot g l M \mu_0}{m B^2} \tag{10}$$

式中:g 为重力加速度;Δm 等于装有样品的样品管在加磁场前后的表观质量变化减去空样品管在加磁场前后的表观质量变化,即 $\Delta m = \Delta m_{样品+管} - \Delta m_{管}$。据此,只要测得 Δm、m、l、B 等物理量,即可求得样品的质量磁化率 χ_m 和摩尔磁化率 χ_M,进而可求得顺磁性物质的分子磁矩 μ_m 和未成对电子数 n(该值不能取整)。

实验中,磁感应强度 B 用特斯拉计测量,并用已知磁化率的标准物质如莫尔氏盐标定。

三、仪器和试剂

1. 仪器

古埃磁天平(含特斯拉计),样品管,装样工具(包括研钵、小漏斗、角匙、玻璃棒)4 套,尺子,小毛刷。

2. 试剂

$(NH_4)_2SO_4 \cdot FeSO_4 \cdot 6H_2O$(莫尔氏盐),$FeSO_4 \cdot 7H_2O$,$K_4[Fe(CN)_6] \cdot 3H_2O$(黄血盐),$CuSO_4 \cdot 5H_2O$。

四、操作步骤

1. 测定空样品管在加磁场前后的表观质量

接通电源,检查磁天平是否正常。注意通电和断电前应先将励磁电流旋钮调到最小,励磁电流的升降应平缓,以防励磁线圈产生的反电动势将晶体管等元件击穿。特斯拉计的磁感应探头垂直置于磁极中心轴上。

用细铜丝把样品管悬好,使其底部处于磁极中心位置。调节励磁电流和磁感应强度均为 0,测定空管在没加磁场时的质量,测三次,取平均值。缓缓调高电流使特斯拉计上显示的磁感应强度为 300 mT,测定空管在此外磁场中的质量。再分别从大(350 mT)、小(250 mT)不同方向将磁感应强度缓缓调至 300 mT 进行测量,以抵消磁场剩磁现象的影响,共测三次,取平均值(下同)。求出空管在加磁场前后的表观质量变化 $\Delta m_{管}$。

2. 用莫尔氏盐标定磁感应强度

取下样品管,用小漏斗将事先研细的莫尔氏盐装入样品管中,边装边在胶垫上轻轻敲击,使样品均匀填实,装好后用尺子准确量出样品高度(约 15.0 cm)。如上操作,在同一磁感应强度 300 mT 下,测定装有莫尔氏盐的样品管在加磁场前后的表观质量,求出表观质量变化。记录磁天平中样品所处的温度。将管中试剂倒回相应试剂瓶中。

3. 测定样品的磁化率

用小毛刷或洁布将样品管仔细清刷干净,装好样品,量取高度,分别测定装有

$FeSO_4 \cdot 7H_2O$、$K_4[Fe(CN)_6] \cdot 3H_2O$、$CuSO_4 \cdot 5H_2O$ 等样品的样品管在加磁场前后的表观质量，求出表观质量变化。将管中样品倒回相应试剂瓶中，可重复使用，切勿倒错。

实验结束，将励磁电流调至最小，关闭电源。将天平复位，样品管洗净晾干。

五、数据记录和处理

（1）将实验数据记于下表：

实验温度：$T=$ _____ K，磁感应强度 $B_{(表)}=0.3000$ T，$B_{(实)}=$ _____ T。

被测物	$M/$ $(g \cdot mol^{-1})$	l/cm	B/mT	表观质量/g				$\Delta m_{管+样}$ /g	$\Delta m_样$ /g	$m_样$ /g
				1	2	3	平均			
空样品管	/	/	0						/	/
			300.0							
样品管＋ 莫尔氏盐	392.13		0							
			300.0							
样品管＋ 七水硫酸亚铁	278.01		0							
			300.0							
样品管＋ 黄血盐	422.39		0							
			300.0							
样品管＋ 五水硫酸铜	249.68		0							
			300.0							

（2）用莫尔氏盐标定磁感应强度 B。

根据莫尔氏盐的质量及其在加磁场前后的表观质量变化和质量磁化率，由（9）式计算磁感应强度的实际值。已知莫尔氏盐的质量磁化率为：

$$\chi_m = \frac{95\mu_0}{T+1} = \frac{1.193\,8 \times 10^{-4}}{T+1}（在 \text{cgs} 静电单位制中为 \chi_m = \frac{95 \times 10^{-4}}{T+1}）$$

（3）由（10）式计算各样品的摩尔磁化率 χ_M。

（4）由（4）式计算顺磁性样品的分子磁矩 μ_m。

（5）由（5）式 $n = \sqrt{\left(\frac{\mu_m}{\mu_B}\right)^2 + 1} - 1$ 计算顺磁性样品中金属离子的未成对电子数 n（不能取整）。

（6）将 χ_M、μ_m、n 实验值与文献值作比较。根据实验结果分析样品中金属离子的最外层电子结构及所形成的配键类型。

注意计算时各物理量均应用 SI 国际单位。

六、实验要点和注意事项

（1）样品要预先烘干研细，装样应均匀结实，但也不宜过于结实，否则很难倒出。装样高度应足够并保持一致。

（2）样品管及挂线应悬于天平一臂，不能触碰到天平框架和磁极、特斯拉计探头等。

（3）调节励磁电流升降应平缓。关闭电源前应先将励磁电流旋钮调至最小。

（4）所有样品均在同一样品管中测定，注意样品管的清洁干燥。

（5）样品及其装样工具不能互相混用，并切忌混入铁磁性物质。

（6）玻璃样品管尤其其挂钩容易损坏，使用时要注意保护。

（7）分析天平使用注意事项。

七、思考和讨论

（1）古埃磁天平能否用于铁磁性物质的测量？为什么？

（2）玻璃样品管是何种磁性？本实验中它在外磁场中的表观质量是变轻还是变重？顺磁性物质在外磁场中的表观质量是否一定变重？为什么？

（3）为什么样品管中装入样品应足够高？

（4）不同磁感应强度下测得的样品的摩尔磁化率是否相同？为什么？

附 注

（1）样品的纯度、装填情况、悬挂位置，励磁电流的稳定性，测量装置的振动和空气的流动等都会造成实验误差。

（2）磁化率的单位习惯上采用 cgs 静电单位制，本实验已改用 SI 国际单位制。两者的换算关系为：

体积磁化率：1（cgs 制）$= 4\pi$（SI 制）

量磁化率：$1\ cm^3 \cdot g^{-1}$（cgs 制）$= 4\pi \times 10^{-3}\ m^3 \cdot kg^{-1}$（SI 制）

摩尔磁化率：$1\ cm^3 \cdot mol^{-1}$（cgs 制）$= 4\pi \times 10^{-6}\ m^3 \cdot mol^{-1}$（SI 制）

实验二十七　分子构型优化和红外光谱计算

一、目的

(1) 了解 Gaussian 程序中优化分子结构的基本原理和流程。

(2) 掌握优化分子结构的计算技术及判断优化是否正常完成的标准。

(3) 了解红外光谱产生的原理,学会用 Gaussian 程序计算体系的红外光谱。

二、基本原理

1. 分子构型优化

计算化学研究分子性质,是从优化分子结构开始的。通常认为,在自然情况下分子主要以能量最低的形式存在。只有低能的分子结构才具有代表性,其性质才能代表所研究体系的性质。

构型优化是 Gaussian 程序的常用功能之一。分子构型优化(OPT)的目的是得到稳定分子或过渡态的几何构型。用 Z 矩阵或者 GaussView 输入的结构通常不是精确结构,必须优化。至于不稳定分子、构型有争议的分子、目前还难以实验测定的过渡态结构,优化更为必要。

(1) 势能面

分子势能的概念源于 Born-Oppenheimer 近似,根据该近似,分子基态的能量可以看作只是核坐标的函数,体系能量的变化可以看成是在一个多维面上的运动。分子可以有很多个可能的构型,每个构型都有一个能量值,所有这些可能的结构所对应的能量值的图形表示就是一个势能面。势能面描述的是分子结构和其能量之间的关系,以能量和坐标作图。势能面上的每一个点对应一个结构。

分子势能对于核坐标的一阶导数是该方向的势能梯度矢量,各方向势能梯度矢量均为零的点称为势能面上的驻点(如图Ⅱ-40),在任何一个驻点(stationary point)上,分子中所有原子都不受力。驻点包括:全局极大点(最大点,global maximum),局部极大点(local maximum),全局极小点(最小点,global minimum),局部极小点(local minimum)和鞍点(saddle point,包括一阶鞍点和高阶鞍点)。具体来说,在势能面上,所有的"山谷"为极小点,对这样的点,向任何方向几何位置的变化都能引起势能的升高。极小点对应着一种稳定几何构型,对单一分子不同的极小点对应于不同构象或结构异构体。对于反应体系,

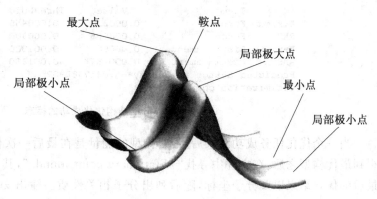

图Ⅱ-40　分子势能面上的驻点

极小点对应于反应物、产物、中间物等。而最小点对应着最稳定几何构型。高阶鞍点没有化学意义。一阶鞍点是只在一个方向是极大值，其它方向都是极小值的点，对应于过渡态（TS）。

（2）确定能量极小值

构型优化过程是建立在能量计算基础之上的，即寻找势能面上的极小值，而这个极小值对应的就是分子的稳定的几何形态。如果势能面上极小值不止一个，优化结果也可能是局部极小而不是全局极小。至于得到哪一个极小，往往与初始模型有关。

在 Gaussian 程序中，分子结构优化要经历的过程如图Ⅱ-41所示。首先，程序根据初始的分子模型，计算其能量和梯度，然后决定下一步的方向和步长，其方向总是向能量下降最快的方向进行。接着，根据各原子受力情况

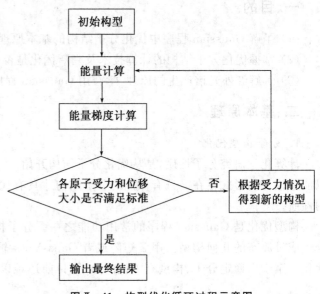

图Ⅱ-41　构型优化循环过程示意图

和位移大小判断是否收敛，如果没有达到收敛标准，则更新几何结构，继续重复上面的过程，直到力和位移的变化均达到收敛标准，整个优化循环才告完成。

（3）收敛标准

当一阶导数为零的时候优化结束，但实际计算上，当变化很小，小于某个量的时候，就可以认为得到优化结构。对于 Gaussian，默认条件是：① 力的最大值必须小于 0.000 45 eV/Å；② 其均方差小于 0.000 30；③ 为下一步所做的取代计算最大位移必须小于 0.001 8 Å；④ 其均方差小于 0.0012。只有同时满足这四个条件，才会在输出文件中看到如图Ⅱ-42所示的四个 YES，表明分子优化已经完成。

```
              Item              Value       Threshold  Converged?
Maximum    Force             0.000220      0.000450      YES
RMS        Force             0.000065      0.000300      YES
Maximum    Displacement      0.000983      0.001800      YES
RMS        Displacement      0.000287      0.001200      YES
Predicted change in Energy=-6.045738D-07
Optimization completed.
```

图Ⅱ-42　分子结构优化成功的标志

当一个优化任务成功结束后，最终构型的能量是在最后一次优化计算之前得到的。在得到最优构型之后，在文件中寻找"--Stationary point found."，其下面的表格中列出的就是最后的优化结果以及分子坐标，随后列出分子相关性质。输出文件的末尾有一行"Normal termination of Gaussian 03 …"，说明计算正常结束。计算正常结束并不表示结果必然正确，但没有正常结束则结果肯定不正确。

2. 预测分子的红外光谱

分子的振动能级差较转动能级差大,当发生振动能级跃迁时,不可避免地伴随有转动能级的跃迁,所以无法测量纯粹的振动光谱,而只能得到分子的振动-转动光谱,这种光谱称为红外吸收光谱。Gaussian 程序在构型优化基础上,通过进一步计算能量对原子位置的二阶导数,可求得力常数,进而得到分子的红外光谱。此过程可以通过 Gaussian 程序中的频率分析(Freq)来实现。因为几何优化和单点能计算都将原子理想化了,实际上原子一直处于振动状态。在平衡态,这些振动是规则的和可以预测的。频率分析必须在已经优化好的结构上进行。特别注意的是,频率分析计算所采用的基组和理论方法,必须与得到该几何构型采用的方法完全相同。

三、仪器和软件

计算机(内存 1G 以上),Gaussian 程序,GaussView 程序。

四、操作步骤

(1) 用作图软件 GaussView 构造体系的初始结构,得到初始构型的坐标。

(2) 分子平衡几何构型的优化

① 选择密度泛函 B3LYP 方法和 6－31G(d)基组,添加关键词 OPT,编写 Gaussian 结构优化输入文件(.gjf)。即输入文件的执行部分(♯行)设置为♯OPT B3LYP/6－31G(d)。

② 用 Gaussian 程序进行优化,优化后的输出文件存储为.log 文件,查看优化部分的计算。

(3) 分子的红外光谱模拟计算

① 在分子稳定构型的基础上进行频率计算,添加关键词 FREQ,编写 Gaussian 频率分析输入文件(.com)。即输入文件的执行部分设置为♯ Freq B3LYP/6－31G(d)。

② 用 Gaussian 程序进行频率分析计算,得到的输出文件存储为.out 文件。频率分析首先要计算输入结构的能量,然后计算频率。Gaussian 程序提供每个振动模式的频率、强度、拉曼活性、极化率,同时还提供振动的简正模式。

五、数据记录和处理

(1) 在输入文件中找到最稳定构型的分子坐标,并用相关软件(GaussView、Chem3D、HyperChem、Viewerlite 等)图形化。在输出文件中找到最稳定构型对应的结构参数(键长、键角、二面角),标注在图形化的分子结构中。

(2) 采用 GaussView 程序,找出五个最强的振动模式,通过分析其简正坐标进行分类。

(3) 用 GaussView 程序对红外光谱计算结果图形化,得到模拟的红外谱图。

(4) 通过文献查找体系的实验红外光谱,将计算得到的红外光谱与之进行对比,讨论所用方法计算频率的精度。

六、实验要点和注意事项

(1) 初始构型不同,会得到不同的优化结果。构型优化涉及到多变量的优化过程,其最终的结果受初始构型的影响较大,往往不能保证所得的优化构型对应于能量极小点。为了保证得到的构型为稳定构型,通常需要在构型优化的基础上进行频率计算,若计算结果存在明显虚频,则得到的构型并非对应于能量极小点。

(2) 要缩短构型优化时间,需尽可能给出较为准确的初始构型,例如采用 X -衍射实验结果等。

(3) 对于较大体系的构型优化,为了缩短机时,可采用分步优化的方法,即首先采用半经验方法,然后再用从头算或密度泛函等方法。开始用较小的基组,然后用较大的基组。该方法尤其适合于初始构型不太确定的情形。

(4) 能量的绝对值:从头算能量的零点是所有核与电子相距无穷远,因此所计算出的体系能量都是负值。一般来讲,能量的绝对值是没有讨论价值的。能量的比较必须采用相同的计算方法和模型。

(5) 构型优化和频率分析使用的方法和基组一定要保持一致。倘若不一样,在进行频率分析时,所输入的构型不被认为是稳定构型。

七、思考和讨论

(1) 如何提高分子构型优化的成功率? 在分子构型优化过程中,如果没有达到预想的极值点,可以考虑采取哪些措施使构型优化能正常完成?

(2) 如何判断优化后的分子构型是稳定构型?

(3) 用 Gaussian 程序计算红外光谱时需注意什么问题?

(4) 通过计算发现体系(比如甲苯)主要有几种振动模式? 对应的频率是多少? 和实验值的误差是多少? 造成误差的原因是什么?

> 附 注

GaussView 程序使用简介

1. 构建分子模型(以甲苯为例)

(1) 启动 GaussView,自动打开主窗口(图 II - 43(a))和构造分子模型的工作窗口(图 II - 43(b))。

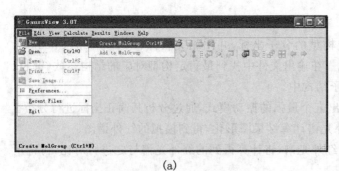 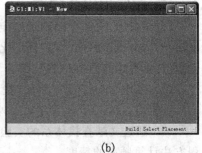

(a)　　　　　　　　　　　　　　　　(b)

图 II - 43　GaussView 主窗口

(2) 画出分子骨架并添加基团或原子:根据需要,在主窗口上双击工具按钮 或 或 ,可分别打开元素周期表(图 II - 44(a))、环状结构模板(图 II - 44(b))或基团模板(图 II - 44(c))。

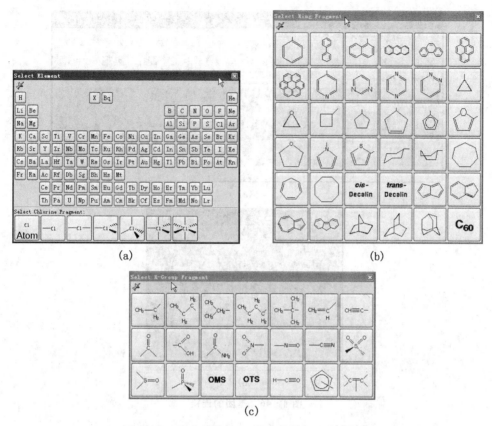

图Ⅱ-44　元素周期表、环状结构模板和基团模板

（3）在模板上单击要选用的对象苯环，它就进入主窗口的 Current Fragment 窗口（图Ⅱ-45（a）），再单击工作窗口，该基团才进入工作窗口（图Ⅱ-45（b））。

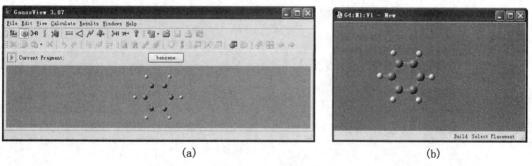

图Ⅱ-45　Current Fragment 窗口和工作窗口

（4）在元素模板上单击一个选用对象 C 选择 CH_4，使之进入 Current Fragment 窗口；单击 CH_4 上的 C 原子，使之变成淡蓝色并标有 Hot，表示要把该 C 原子作为连接点（图Ⅱ-46（a））。单击工作窗口中苯环上的 H，则 CH_4 就会连接上去，只保留连接点 C 原子，消去了 CH_4 上的一个氢和苯环上的一个氢（图Ⅱ-46（b））。这样建造的分子模型并不精确，有待于优化。

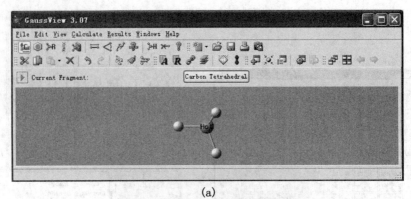

(a)

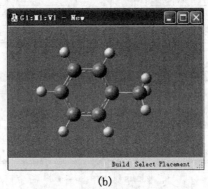

(b)

图Ⅱ-46 基团的连接

（5）用主窗口 File＞Save ... 为输入文件命名并保存为 .gjf 文件。

2. 预测红外光谱

红外光谱可用 GaussView 显示。打开频率分析输出文件（.out），在主窗口点击 Results＞Vibrations，弹出对话框 Display Vibrations。点击 Spectrum 按钮显示谱图。若点击表中某个正则振动模式，再点击按钮 Start，可用动画显示正则振动，点击按钮 Stop 可停止动画显示。

Ⅲ. 常用仪器

一、温度计

温度是表征物体冷热程度即分子无规则运动强度的一个物理量。当两个不同温度的物体相接触时，必然有能量以热的形式由高温物体传向低温物体，当两物体处于热平衡时，温度就相同。这就是温度测量的基础。温度的量值与温标的选定有关。

温标即温度的数值表示方法，常用的有热力学温标和摄氏温标。热力学温标亦称开尔文(Kelvin)温标，它是建立在热力学第二定律卡诺(Carnot)循环基础上的一种理想的温标。用热力学温标确定的温度称为热力学温度，其符号为 T，单位为开尔文(K)。热力学温标定义水的三相点的热力学温度为 273.16 K，1 K 等于水的三相点热力学温度的 1/273.16。摄氏温标是以水的相变点为基础。用摄氏温标确定的温度称为摄氏温度，其符号为 t，单位为摄氏度(℃)。摄氏温标定义标准压力下水的凝固点为 0℃，沸点为 100℃，两点间划分 100 等份，每 1 等份为 1℃。热力学温度与摄氏温度的分度值相同，因此，温度差可用 K 也可用℃表示。热力学温度与摄氏温度的关系为：$T/K = t/℃ + 273.15$。

用于测量温度的物质，都具有某些与温度密切相关而又能严格复现的物理性质，如体积、压力、热电势、电阻、辐射波等，利用这些特性即可制成各种测温仪器——温度计，种类有水银温度计、热电偶温度计、电阻温度计、蒸气压低温温度计、光学高温计或辐射温度计等。

（一）水银温度计

水银温度计是最常用的测温工具，其测温物质是在相当大的温度范围内体积随温度的变化接近于线性关系的水银，水银盛在一根下端带有球泡的均匀玻璃毛细管中，上端抽成真空或填充某种气体。当温度计的温度发生变化时将引起水银体积的变化，由于玻璃的膨胀系数很小，而毛细管又是均匀的，故水银体积的变化体现为毛细管中水银柱的长度变化，若在毛细管上直接标出温度数值就可以直接从温度计上读得温度。

水银温度计结构简单、价格便宜、使用方便、精度较高，但容易损坏。水银温度计的使用范围为 $-35 \sim 360℃$（水银的熔点为 $-38.7℃$，沸点为 356.7℃），若用特硬玻璃或石英做毛细管并充以氮气或氩气，则可测到 750℃，若在水银中加入 8.5％的铊，则可测到 $-60℃$。

1. 水银温度计的种类和使用范围

(1) 一般使用。有 $-5 \sim 105℃$、150℃、250℃、360℃等量程，每分度 1℃或 0.5℃。

(2) 量热学用。有 $9 \sim 15℃$、$12 \sim 18℃$、$15 \sim 21℃$、$18 \sim 24℃$、$20 \sim 30℃$ 等，每分度 0.01℃。目前广泛应用间隔为 1 度的量热温度计，每分度 0.002℃。

(3) 分段温度计。从 $-10℃$ 到 200℃，共 24 支，每支量程 10℃，每分度 0.1℃。另有 $-40℃$ 到 400℃，每隔 50℃一支，每分度 0.1℃。

（4）用于测量温差的贝克曼（Beckmann）温度计。它是一种移液式的内标温度计，由于其水银量可调，可用于测量－20～150℃温度范围5℃以内的温度变化，专用于精确测量温度差值，不能测量实际温度值。因水银量大有毒且调节费时，现多为电子温度温差仪所取代。

（5）用于控制温度的电接点温度计（又称导电表）。它可在某一设定温度点上接通或断开，与电子继电器、加热器等配套用于控制温度。因其所示温度只是近似值，故不能用于温度测量。

2．水银温度计的校正

水银温度计的缺点是长期使用后温度计玻璃的性质、形状、体积将发生变化，测温时玻璃各部分受热不均也使指示的温度发生偏差，所以在精密测量中要对温度计进行校正。

（1）零点校正或示值校正。通常用待校温度计测量纯水的冰点（冰水混合物）或与标准温度计进行比较来校正。

（2）露茎校正。全浸式水银温度计如不能将温度计水银柱全部浸入被测系统中，则因露出部分（称为"露茎"）与被测系统温度不同而需进行校正，校正方法如图Ⅲ-1所示，计算公式如下：

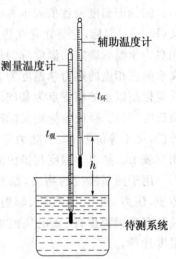

$$\Delta t = kh(t_{观} - t_{环})$$

$$t_{校} = t_{观} + \Delta t$$

式中，$k = 0.000\,157\,\text{K}^{-1}$是水银对玻璃的相对膨胀系数；$h$是露茎长度，以温度差值表示；$t_{观}$为测量温度计上的读数；$t_{环}$为辅助温度计上的读数（辅助温度计的水银球置于测量温度计露茎的中部）。

图Ⅲ-1　温度计露茎校正

3．水银温度计使用注意事项

（1）温度计应垂直放置，以免引起读数误差。

（2）应在被测系统与温度计达热平衡后方可读数。读数时视线与水银面应在同一平面上（水银温度计按凸面之最高点读数）。

（3）在使用精密温度计时，读数前应轻敲水银面附近的玻璃壁，以消除水银在毛细管壁的粘滞现象。

（4）水银温度计是很容易损坏的仪器，使用时应杜绝不规范的操作，防止骤冷骤热，以免温度计变形和破裂，防止强光强辐射直接照射水银球，禁止用作搅拌棒或支撑柱，插温度计的孔洞大小应适当，避免孔洞过大而使温度计滑落或过小硬塞而折断。

（二）贝克曼温度计

贝克曼（Beckmann）温度计是一种移液式内标温度计，如图Ⅲ-2所示。特点：量程短，一般只有5℃；刻度精细，最小分度0.01℃，可读至0.002℃；底部水银贮球大（温度的少许变化将使毛细管中水银柱长度发生显著变化），顶部还有一辅助水银贮槽，用来调节底部水银量，故可用于－20～150℃范围的不同温区。

1. 贝克曼温度计的调节

贝克曼温度计使用前应先调节好水银球中的水银量,使在指定温度下毛细管中的水银面位于标尺的合适位置,如测量恒温槽温度波动时起始位在标尺中部,测量凝固点降低值时起始位在标尺上部。

下面以要求温度 t 时水银面位于标尺刻度"3"附近为例说明贝克曼温度计的调节方法。

首先将温度计插入温度为 t 的水中,待热平衡后,如毛细管中水银面已处于合适位置,则不必调节,否则按下述步骤进行调节。

(1)连接水银。将水银球和水银贮槽中的水银相连接。

若水银球中水银量较多,室温下毛细管内水银面已超过 A 点,则用右手握住温度计中部,慢慢将其倒置,左手轻敲水银贮槽,即可使水银柱相连,然后再慢慢将温度计倒转过来。

若水银球中水银量较少,室温下毛细管内水银面达不到 A 点,则可将温度计插入温度较高的水中(勿直接插入沸水中),或用手温热水银球,使毛细管内水银面升到 A 点并形成小圆球,然后取出倒置,如上操作。

(2)调节水银球中的水银量。首先估计标尺刻度"3"到 A 点的温度差值 R(标尺顶部 H 到 A 约为 $2℃$),然后将水银已连好的贝克曼温度计置于温度为 $t+R$ 的恒温水中,达热平衡后取出,右手握住温度计中部(勿靠近实验台),立即用左手掌沿温度计轴向向上轻拍右手腕,依靠振动力使水银在 A 点处断开。则温度 $t+R$ 时水银面在 A 处,温度 t 时水银面降至刻度"3"处。有时可能需多次调节才能调好。

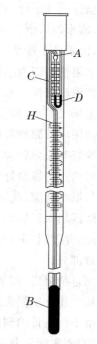

图Ⅲ-2　贝克曼温度计
A—毛细管末端;B—
水银球;C—毛细管;
D—水银贮槽;H—标
尺刻度顶部

2. 贝克曼温度计的读数校正

因贝克曼温度计水银球中的水银量随调节温度不同而不同,标尺刻度则是以某一温度为准标定的(一般是 $20℃$ 时水银面在"0"刻度处),故贝克曼温度计在不同温区的分度值是不同的。系统温度高时,水银球中水银量少,示值温差偏小;系统温度低时,水银球中水银量多,示值温差偏大。因而在不同温区所得的示值温差必须乘上一个校正因子(称为该温区的平均分度值,可参看每支温度计所带的附表),才能得到实际温差。

3. 贝克曼温度计使用注意事项

贝克曼温度计使用时必须垂直放置,水银球需全部浸入待测系统,读数前应先用带有橡胶套的玻璃棒轻敲水银面处,以消除水银在毛细管中的粘滞现象。贝克曼温度计属贵重玻璃仪器,易于损坏,使用时应十分小心,勿骤冷骤热,勿靠近实验台,避免重击,不要随意放置,不用时应放入温度计自带的木盒中。

二、气压计

由于实验都是在当时当地大气压条件下进行的,而且许多测压仪表都是通过测量被测压与大气压的差值(即"表压")来确定被测压大小的,因此大气压的测量是很重要的。测量大气压强的仪器称为气压计,种类有福廷(Fortin)式气压计、固定槽式气压计等。

福廷式气压计如图Ⅲ-3所示，它是一根一端封闭的玻璃管，盛水银后倒置在水银槽内，外套黄铜管，玻璃管顶为真空，以汞柱平衡大气压力，以汞柱高度表示大气压的大小。水银槽底部为一鞣性羚羊皮袋，皮袋下部由水银槽液面调节螺丝支撑。水银槽上部有一倒置固定象牙针，针尖处于主标尺零点，称基准点。主标尺上附有游标尺。

使用时首先旋转底部水银槽液面调节螺丝，使槽内水银面恰好与象牙针尖接触。然后转动游标尺调节螺丝，使游标尺两边边缘恰好与管中水银面凸面相切，切点两侧露出三角形小孔隙，此时即可从游标尺零刻度线对着的主标尺刻度读出大气压的整数部分，再从游标尺上找出恰好与主标尺刻度线相重合的一条刻度线，其刻度值即为大气压的小数部分。

测量结束后，调节底部螺丝使水银槽液面与象牙针分离。从气压计所附温度计上读取温度。

由于气压计的刻度是以0℃、纬度45°和海平面高度为标准的，而实际测量条件不尽如此，同时仪器本身也有误差，因此测量值还需进行仪器、温度、纬度和海拔高度等校正。一般情况下，纬度和海拔高度校正值较小，可忽略不计。

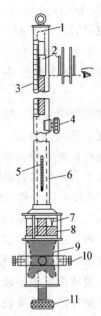

图Ⅲ-3　福廷式气压计

1—封闭玻璃管；2—游标尺；3—主标尺；4—游标尺调节螺丝；5—温度计；6—黄铜管；7—象牙针；8—水银槽；9—羚羊皮袋；10—铅直调节固定螺丝；11—水银槽液面调节螺丝

三、阿贝折射仪

折射率是物质的重要物理性质之一，测定物质的折射率可以定量地求出该物质的浓度或纯度，还可算出某些物质的摩尔折射度，反映极性分子的偶极矩，从而有助于了解其分子结构。实验室测量物质的折射率常用阿贝（Abbe）折射仪，如图Ⅲ-4所示，它可用于测量液体或固体物质，试样用量少，操作方便，读数准确。

阿贝折射仪的标尺上除标有1.300～1.700折射率数值外，还标有20℃蔗糖溶液的质量百分浓度读数，可直接测定蔗糖溶液的浓度。

折射率和入射光波长有关。阿贝折射仪所用光源一般为自然光（白光混合光），由于不同波长的光的折射率不同而产生色散现象，使目镜的明暗交界线处呈现彩色光带而模糊不清，因而在仪器上装有可调消色补偿棱镜，调节其位置即可使色散消失，此时所测的折射率相当于用钠光D线（589 nm）所测的折射率n_D。

折射率还和温度有关，故仪器装有恒温夹套，用以通恒温水。

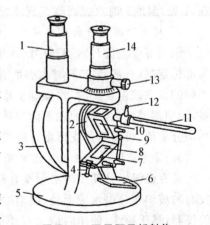

图Ⅲ-4　双目阿贝折射仪

1—读数望远镜；2—转轴；3—刻度盘罩；4—锁钮；5—底座；6—反射镜；7—加液槽；8—辅助棱镜（开启状态）；9—铰链；10—测量棱镜；11—温度计；12—恒温水入口；13—消色散手柄；14—测量望远镜

1．阿贝折射仪的使用方法

(1) 安装。将阿贝折射仪置于光亮处(但应避免阳光直射而使液样迅速蒸发)，接通恒温水，检查棱镜上温度计的读数是否符合要求(温度读数以此为准，一般选用 20.0±0.1℃ 或 25.0±0.1℃)。

(2) 加样。松开锁钮，开启辅助棱镜，使其磨砂斜面处于水平位置，若镜面不清洁，可滴几滴丙酮清洗，再用镜头纸(切勿用滤纸)顺同一方向轻轻揩干(不可来回擦)。滴几滴试样于镜面上(滴管或硬物切勿触及镜面)，快速轻轻合上棱镜，旋紧锁钮。要求液层均匀铺满，没有气泡。若液样易挥发，则可由加液小槽直接加入。

(3) 调光。调节反射镜使入射光进入棱镜(若是单目阿贝折射仪则打开遮光板，合上反射镜)；转动目镜调节焦距，使目镜视场中十字线清晰明亮；调节读数螺旋，使视场半明半暗出现明暗分界线；调节消色螺旋，至视场中彩色光带消失，分界线清晰，再细调读数螺旋，使明暗分界线恰好落在十字线的交叉处，如图Ⅲ-5所示。

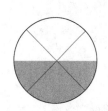

图Ⅲ-5　阿贝折射仪读数时的目镜视场

(4) 读数。从读数望远镜中的标尺上读出折射率。为减少误差，每个样品需重复测三次，三次读数相差应不超过 0.000 2，取平均值。

(5) 擦干。测完后用镜头纸擦干镜面。

2．阿贝折射仪的校正

阿贝折射仪刻度盘上的标尺零点有时会发生移动，需加以校正。校正方法是用已知折射率的标准玻璃块和 α-溴萘(仪器附件)。滴一滴 α-溴萘在玻璃块的光面上，然后将光面附着在测量棱镜上，不需合上辅助棱镜，但要打开测量棱镜背后小窗，使光线射入，即可测量。若测量值与玻璃块的折射率标准值有差异，则此差值即为校正量。也可用钟表螺丝刀轻轻转动目镜前凹槽中的校正螺丝，使测量值与标准值一致。

这种校正零点的方法，也是测量固体折射率的方法，只需用被测固体替换玻璃块即可。也可用已知折射率的标准液体如蒸馏水($n_D^{25} = 1.332\,5$)来校正。

3．阿贝折射仪使用注意事项

(1) 使用时要注意保护棱镜，只能用镜头纸或脱脂棉轻擦镜面而不能用滤纸等，应顺同一方向擦，不可来回擦。滴管、指甲、手指等切勿触及镜面。

(2) 每次测量时，试样不可加得太多，一般 2～3 滴即可。但要均匀铺满，没有气泡，否则目镜视场模糊，需重新加样。

(3) 使用完毕要用丙酮洗擦干净，再用两层镜头纸夹在两棱镜镜面之间，以免镜面损坏。放干金属夹套中恒温水，拆下温度计，将仪器放入装有干燥剂的箱内，置于干燥通风的室内，防止受潮发霉。搬动仪器时应避免强烈振动或撞击，防止光学零件损伤而影响精度。

(4) 不能用来测量酸、碱、氟化物等腐蚀性液体和折射率超出 1.3～1.7 范围的试样。

四、旋光仪

光波在垂直于传播方向的一切方向上振动的光称为自然光或非偏振光，只在一个方向上有振动的光称为平面偏振光。当一束平面偏振光通过某些物质(如含手性碳原子有机物)时，其振动方向会发生改变，此时光的振动面旋转一定的角度，这种现象称为物质的旋光现象，这种物质称为旋光物质，旋光物质使偏振光振动面旋转的角度称为旋光度。旋光物质的旋光度除取决于旋光物质的本性外，还与测定温度、光经过物质的厚度、光源波长等因素有关，若被测物质是溶液，当光源波长、温度、厚度一定时，其旋光度与溶液浓度成正比。

测量旋光度的仪器称为旋光仪，其主要元件是两块尼柯尔(Nicol)棱镜——起偏镜和检偏镜。尼柯尔棱镜是利用旋光物质的旋光性而设计的，它由两块方解石直角棱镜沿斜面用加拿大树脂粘合而成。圆盘旋光仪如图Ⅲ-6所示。

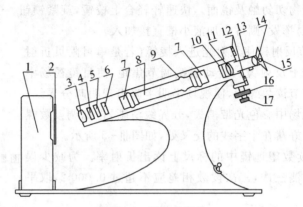

图Ⅲ-6　圆盘旋光仪

1—钠光灯；2—毛玻璃片；3—会聚透镜；4—滤色镜；5—起偏镜；6—石英片；7—样品管端螺帽；8—样品管；9—样品管凸肚处；10—检偏镜；11—望远镜物镜；12—刻度盘和游标；13—望远镜调焦手轮；14—望远镜目镜；15—读数放大镜；16—刻度盘细调手轮；17—刻度盘粗调手轮

1. 旋光仪的使用方法

(1) 预热。接通电源，开启钠光灯，约 5 min 光源稳定后，调节目镜焦距，使三分视野清晰。

(2) 装样。用蒸馏水洗净样品管和两端护玻片，将其一端轻轻旋上，装入待测液(满至液面凸起)，手持护玻片两边(勿手触玻面)沿管口水平推入盖上，旋紧端螺帽(勿旋得太紧，一般以随手旋紧不漏液即可，以免护玻片和样品管变形甚至损伤，影响测定结果)。装样完毕立即将样品管外残液擦干(两端护玻片必须用镜头纸擦)，将其凸肚端朝上放入旋光槽中。要求管中无气泡，若有小气泡则将其赶至凸肚处(切勿使气泡停在光路上)。

(3) 调节。转动刻度盘调节手轮调节检偏镜，使三分视野消失，也即出现如图Ⅲ-7(c)所示的完全均一暗视野(此时只要稍转动刻度盘调节手轮，即可出现如图Ⅲ-7(a)和Ⅲ-7(b)所示的三分视野)。

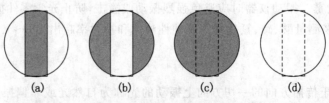

(a)　　　　　(b)　　　　　(c)　　　　　(d)

图Ⅲ-7　旋光仪三分视野图

（4）读数。旋光仪刻度盘有一左一右两个对称的观察窗（为避免仪器误差，读数应在同一边），前面有相应的读数放大镜。观察窗内有内外两个刻度圈，内圈固定，刻度从 0 到 10，外圈连着检偏镜，可以转动，刻度从 0 到 180。读数时以内圈零刻度线对着的外圈刻度读出旋光度的整数部分，再从内圈上找出恰好与外圈刻度线相重合的一条刻度线，其刻度值即为旋光度的小数部分。可读至小数点第二位（此位非 0 即 5）。旋光度无论正负，其读数都是内圈零刻度线对着的外圈较小（代数值）整数读数加上内圈小数读数。

（5）洗管。测量完毕后，关闭电源，将样品管取出洗净擦干放回盒内。

2．旋光仪的零点校正

每次用旋光仪测量样品前，均应校正仪器零点。方法是测量没有旋光性的蒸馏水，得其旋光度读数，即为仪器零点。样品的旋光度读数扣除仪器零点值，即为实际旋光度。

3．旋光仪使用注意事项

（1）使用前要先预热几分钟，但钠光灯连续使用时间不宜过长。

（2）旋光仪是较精密光学仪器，其光学镜片部分不能与硬物或手接触，以免损坏镜片。不能随便拆卸仪器，以免影响精度。

（3）旋紧样品管端螺帽时用力应适度，勿用力过猛，以免样品管及护玻片变形甚至损坏。

（4）样品管装样后应及时擦干管外残液，测完后及时清洗干净，仪器金属部分切忌玷污酸碱，以免腐蚀。

五、分光光度计

物质分子内部的运动可分为电子的运动、原子的振动和分子自身的转动，因此具有电子能级、振动能级和转动能级。当分子被光照射时，将吸收能量引起能级跃迁，即从基态能级跃迁到激发态能级。而三种能级跃迁所需的能量是不同的，需用不同波长的电磁波去激发。电子能级跃迁所需的能量较大，一般在 $1 \sim 20$ eV，吸收光谱主要处于紫外及可见光区，这种光谱称为紫外及可见光谱。如果用红外线（$1 \sim 0.025$ eV）照射分子，其能量不足以引起电子能级的跃迁，而只能引发振动能级和转动能级的跃迁，得到的光谱为红外光谱。若以能量更低的远红外线（$0.025 \sim 0.003$ eV）照射分子，只能引起转动能级的跃迁，这种光谱称为远红外光谱。

由于物质结构不同对上述各能级跃迁所需能量都不一样，因此对光的吸收也就不一样，各种物质都有各自的吸收光带，因而可对不同物质进行鉴定分析，这是光度法进行定性分析的基础。而根据朗伯-比耳定律，当入射光波长、溶质、溶剂、测量温度一定时，溶液的吸光度（也称光密度）与液层厚度及溶液浓度成正比，若液层厚度也一定，则吸光度只与溶液浓度成正比，这是光度法进行定量分析的基础。

用于光度分析的仪器称为分光光度计。分光光度计种类虽然繁多，但一般都由光源、单色器、样品池、检测器、放大器、记录器等基本部件构成。实验室常用的 722 型分光光度计如图Ⅲ-8 所示。

1．722 型分光光度计的使用方法

（1）预热。打开样品室盖（光门自动关闭），开启电源，指示灯亮，预热 20 min。

（2）选档。将灵敏度旋钮调至最低档"1"，选择开关置于"T"，波长调至所需波长。

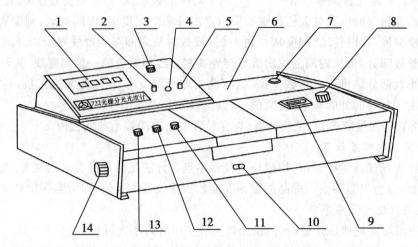

图Ⅲ-8　722型分光光度计

1—数字显示窗；2—吸光度调零旋钮；3—选择开关；4—吸光度调斜率电位器；5—浓
度旋钮；6—光源室；7—电源开关；8—波长手轮；9—波长刻度窗；10—试样架拉手；
11—100％T旋钮；12—0％T旋钮；13—灵敏度调节旋钮；14—干燥器

（3）装样。将比色皿洗净润洗后分别装入参比液（蒸馏水或空白溶液）和待测液，皿外残液用镜头纸吸干（不可擦拭），置于样品室比色皿架上（参比液比色皿放在第一格）。

（4）调零。打开样品室盖，调节"0％T"旋钮，使数字显示为"00.0"；合上样品室盖，将参比液比色皿置于光路，光电管受光，调节"100％T"旋钮，使数字显示为"100.0"（如果显示不到"100.0"，可适当增加灵敏度的档数，重新调节）。

（5）测试。吸光度（A）的测定：将选择开关置于"A"，合上样品室盖，移入参比液，旋动吸光度调零旋钮，使数字显示为".000"，再移入待测液，显示值即为试样的吸光度值。浓度（C）的测定：将选择开关置于"C"，将已知浓度样品放入光路，调节浓度旋钮，使数字显示为标定值，将待测样放入光路，读数即为待测样的浓度。

（6）清洗。测试完成后，关闭开关和电源，合上样品室盖，清洗比色皿。

2．722型分光光度计使用注意事项

（1）取拿比色皿时，手指只能捏住比色皿的毛玻璃面，而不能触碰其光面。比色皿不能用碱液或氧化性强的洗涤液洗涤，也不能用毛刷清洗。测试前，比色皿外壁附着的水或溶液应用镜头纸或细软的吸水纸吸干，不可擦拭，以免损伤其光学表面。

（2）每台仪器所配套的比色皿不能与其他仪器的比色皿混淆或调换。如需增补，需经校正后方可使用。

（3）预热或不测量时，应打开样品室盖使光路切断，以免光电管疲劳，数字显示不稳定。

（4）开关样品室盖时，应小心操作，防止损坏光门开关。

（5）数值显示如有异常，很可能是钨灯已坏，应尽早更换。

（6）当波长调整幅度较大时，需稍等数分钟才能正常工作。因光电管受光后，需有一段响应时间。

（7）仪器连续使用时间不宜过长。仪器应放在洁净、无腐蚀性气体和不太亮的室内，工作台应牢固稳定。

六、电导仪

电导（电阻的倒数）不仅反映出电解质溶液中离子状态及其运动的许多信息，而且因其在稀溶液中与离子浓度呈简单线性关系，被广泛用于分析化学、化学平衡、反应速率等测试中。电导的测量除用惠斯通（Wheatstone）交流电桥法外，还常用电导仪进行，目前广泛使用的是 DDS－11A 型电导率仪，如图Ⅲ－9所示。

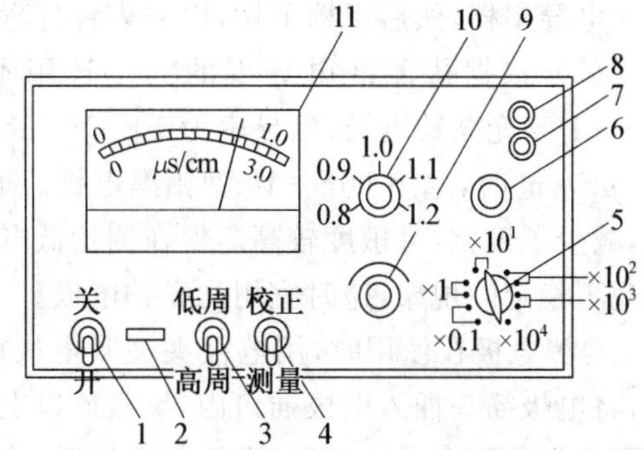

（一）DDS－11A 型电导率仪

1. DDS－11A 型电导率仪的测量原理

DDS－11A 型电导率仪是基于"电阻分压"原理的一种不平衡测量方法，其测量原理如图Ⅲ－10所示。稳压器输出一个稳定的直流电压供振荡器和放大器使用，振荡器由于采用了电感负载式的多谐振荡电路，具有很低的输出阻抗，其输出电压不随电导池电阻 R_x 的变化而变化，从而为电阻分压回路（由电导池 R_x 和电阻箱 R_m 串联组成）提供一个稳定的音频标准电压 E，根据欧姆（Ohm）定律，回路电流 I_x 为：

$$I_x = \frac{E}{R_x + R_m} = \frac{E_m}{R_m}$$

使 $R_m \ll R_x$，则

$$I_x = \frac{E}{R_x} = \frac{E_m}{R_m}$$

因 E 和 R_m 恒定，故

$$I_x \propto \frac{1}{R_x} \propto E_m$$

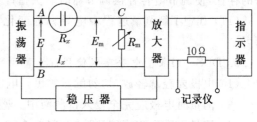

图Ⅲ－9　DDS－11A 型电导率仪面板图

1—电源开关；2—指示灯；3—高周/低周开关；4—校正/测量开关；5—量程选择开关；6—电容补偿调节器；7—电极插口；8—10 mV 输出插口；9—校正调节器；10—电极常数调节器；11—表头

图Ⅲ－10　电导率仪测量原理图

可见，电导池两极间溶液的电导正比于 I_x，也正比于 E_m。E_m 经放大检波后，在显示仪表上直接用换算成的电导值或电导率值显示出来。

2. DDS－11A 型电导率仪的使用方法

DDS－11A 型电导率仪的面板如图Ⅲ－9所示，使用方法如下：

（1）通电前，先检查表针是否指零，若不指零，可调节表头螺丝，使其指零。

（2）将校正/测量开关拨至"校正"位。

（3）接通电源，打开电源开关，指示灯亮，预热数分钟。

（4）调节校正调节器使电表满刻度指示。

（5）根据待测液电导率的大致范围选用低周或高周。电导率低于 $300\ \mu S/cm$ 时，开关3拨至"低周"位；电导率为 $300 \sim 10^5\ \mu S/cm$ 时，拨至"高周"位。

（6）将量程选择开关扳到所需测量范围档，若预先不知被测液的电导率范围，应先扳至最大电导率档,然后逐档下调,以防表针打弯。

(7) 根据待测液电导率的大小选用不同的电极。电导率低于 10 $\mu S/cm$ 时,使用 DJS-1 型光亮铂电极;电导率为 $10\sim10^4\ \mu S/cm$ 时,使用 DJS-1 型铂黑电极;电导率大于 $10^4\ \mu S/cm$ 时,选用 DJS-10 型铂黑电极。通常用铂黑电极,因它表面积大,降低了电流密度,减少了极化,灵敏度较高。但在测量低电导率试液时,铂黑对电解质有强烈的吸附作用,出现不稳定的现象,这时宜用光亮铂电极。

(8) 电极在使用时,用电极夹夹紧电极的胶木帽,并通过电极夹把电极固定在电极杆上,将电极插头插入电极插口内,旋紧插口上的紧固螺丝,再将电极浸入待测液中。所用电极要根据其配套电极常数(电极上已标明)将电极常数调节器调节到相应位置。

(9) 将校正/测量开关拨向"测量",此时表头指示读数乘以量程开关的倍率,即为待测液的实际电导率。当量程开关指向黑点时,读表头上行刻度($0\sim1\ \mu S/cm$)的数;当量程开关指向红点时,读表头下行刻度($0\sim3\ \mu S/cm$)的数。

选用 DJS-10 型铂黑电极时,"常数"钮应调在常数标称值的 1/10 处。如:所用电极常数为 10.4,则"常数"钮置 1.04,此时,待测液的电导率=表头指示读数×倍率×10。

(10) 当用 $0\sim0.1\ \mu S/cm$ 或 $0\sim0.3\ \mu S/cm$ 这两档测量高纯水时,在电极未浸入试液前,先调节电容补偿调节器,使表头指示为最小值(此最小值是电极铂片间的漏阻,由于此漏阻的存在,使调节电容补偿调节器时表头指针不能达到零点),然后再测量。

(11) 如想了解测量过程中电导率的变化情况,则将 10 mV 输出接到自动平衡记录仪即可。

3. DDS-11A 型电导率仪使用注意事项

(1) 电极要轻拿轻放,切勿触碰铂黑。电极插头(引线)、插口不能受潮,否则测不准。

(2) 测量时电极应完全浸入待测液中。盛待测液的容器必须清洁,没有离子玷污。

(3) 测量一系列浓度待测液时,应按浓度由小到大的顺序进行。

(4) 测量高纯水时应迅速,否则空气中 CO_2 溶入变为 CO_3^{2-},使电导率迅速增加。

(5) 待测系统温度要恒定。电导池常数应定期复查和标定。

(6) 铂黑电极不用时,应保存在蒸馏水中,以使所吸附的电解质脱附,并防止所镀铂黑干燥老化。

4. DDS-11A 型数显电导率仪使用方法

将电极插头插入电极插座(插头、插座上的定位销对准后,按下插头顶部即可使插头插入插座。如欲拔出插头,则捏住其外套往上拔即可)。接通仪器电源,仪器预热 10 分钟。

第一种情况:不采用温度补偿(基本法)

(1) 将电极浸入被测液体,温度补偿旋钮置于 25℃ 刻度值。按下"校准/测量"开关,使其置于"校准"状态,调节"常数"旋钮,使仪器显示所用电极的常数值。例如,电极常数为 0.95,调"常数"旋钮使显示 950;常数为 1.10,调"常数"旋钮使显示 1 100(忽略小数点)。

(2) 按下"校准/测量"开关,使其处于"测量"状态(这时开关向上弹起),将"量程"开关置于合适的量程档,待仪器示值稳定后,该显示数值即为被测液体在实际测量温度下的电导率值。测量中,若显示屏首位为 1. 后三位数字熄灭,表明被测值超过量程范围,应置于高一档量程来测量。若读数很小,则置于低一档量程,以提高精度。

第二种情况:采用温度补偿(温度补偿法)

（1）将电极浸入被测液体，温度补偿旋钮置于溶液实际温度值，按下"校准/测量"开关，使其置于"校准"状态，调节"常数"旋钮，使仪器显示所用电极的常数值。其要求和方法同第一种情况（基本法）一样。

（2）操作方法同第一种情况（基本法）一样，这时仪器显示被测液的电导率为该液体标准温度（25℃）时的电导率（温度自动补偿）。

说明：

一般情况下，所指液体电导率是指该液体介质标准温度（25℃）时的电导率。当介质温度不在25℃时，其液体电导率会有一个变量。为等效消除这个变量，仪器设置了温度补偿功能。

仪器不采用温度补偿时，测得液体电导率为该液体在其实际测量温度下的电导率。

仪器采用温度补偿时，测得液体电导率已换算为该液体在25℃时的电导率值。

本仪器温度补偿系数为每度（℃）2％，所以在高精密测量时，请尽量不采用温度补偿。而采用测量后查表或将被测液定温在25℃时测量，来求得液体介质25℃时的电导率值。

（二）DDS－11型电导仪

DDS－11型电导仪的测量原理与DDS－11A型电导率仪一样，也是基于"电阻分压"原理的不平衡测量方法，其面板如图Ⅲ－11所示，使用方法如下：

（1）通电前，先检查表针是否指零，如不指零，可调节表头螺丝，使其指零。

（2）接通电源，打开电源开关，指示灯亮。预热数分钟。

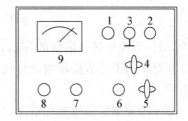

图Ⅲ－11　DDS－11型电导仪面板图
1，2—电极接线柱；3—电极屏蔽线接线柱；4—量程选择开关；5—校正/测量开关；6—校正调节器；7—电源开关；8—电源指示灯；9—表头

（3）将量程选择开关旋至所需的测量范围档。如不知被测液的电导范围，则应先置于最大量程档，然后逐档下调，以保护表头不被损坏。

（4）选择电极。待测液电导低于5 μS时，用260型光亮电极；待测液电导在5 μS～150 mS时，用260型铂黑电极；待测液电导高于150 mS时，用U型电极。

（5）连接电极引线。使用260型电极时，电极上两根同色引出线分别接在电极接线柱1，2上，另一根引出线接在电极屏蔽线接线柱3上。使用U型电极时，两根引出线分别接在接线柱1，2上。

（6）用少量待测液润洗电导池及电极，将电极浸入待测液中，恒温。

（7）将校正/测量开关拨向"校正"，调节校正调节器，使指针停在红色倒三角处。应注意在电导池接妥的情况下方可进行校正。

（8）将校正/测量开关拨向"测量"，此时表头读数乘以量程开关的倍率，即为待测液的电导值。当待测液电导很高时，每次测量都应在校正后方可读数，以提高精度。

（9）在测量中要经常检查"校正"是否改变。即将校正/测量开关拨向"校正"时，指针是否仍停在倒三角处。

七、酸度计

1. 酸度计的测量原理

酸度计是用来测量溶液 pH 的最常用仪器之一,其优点是使用方便、测量迅速。酸度计主要由参比电极、指示电极和测量系统三部分组成(现多将参比电极和指示电极合在一起组成复合电极)。参比电极常用饱和甘汞电极,其电势在一定温度下是恒定的;指示电极则通常是一支对 H^+ 具有特殊选择性的玻璃电极,其电势取决于溶液中 H^+ 的活度。两电极组成如下工作电池:

玻璃电极│待测溶液‖饱和甘汞电极

该电池的电动势 E 与溶液 pH 之间有如下关系:

$$pH=\frac{0.434\,3F}{RT}(E-E^{\ominus})$$

式中:F 为法拉第常数;R 为摩尔气体常数;T 为热力学温度;$E^{\ominus}$ 可视为该电池的标准电动势,其值在一定温度下是恒定的。据此,只要先后用此电池测试标准缓冲溶液和待测溶液,得相应电动势 E_s 和 E,则

$$pH=pH_s+\frac{0.434\,3F}{RT}(E-E_s)$$

式中,pH_s 为标准缓冲溶液的 pH,是已知的。据此,即可求得待测溶液的 pH。实际所用酸度计在显示窗上已直接用电动势换算成的 pH 显示出来,只需在测量前用标准缓冲溶液校准即可。

鉴于由玻璃电极组成的电池内阻很高,在常温时达几百兆欧,因此不能用普通的电位差计来测量其电动势。酸度计是将此直流电动势,通过前置 pH 放大器输入到双积分 A/D 转换器中,以达到显示 pH 数字的目的。同样,在配上适当的离子选择电极作电势滴定分析时,以达到显示终点电势的目的。酸度计的测量范围为:pH:0～14;电势:0 mV～±1 400 mV。

2. 酸度计的使用方法

酸度计的型号较多,下面以实验室常用的 pHS - 3C 型精密 pH 计为例(其面板如图Ⅲ - 12 所示),说明其使用方法。

(1) 开机前准备。将电极梗旋入电极梗座,电极夹固定在电极梗上;将复合电极夹在电极夹上,拔下电极前端的电极套。

(2) 开机预热。接通电源,打开电源开关,预热 30 min。

(3) 标定——两点标定法。

① 在测量电极插座处拔去 Q9 短路插头,插上复合电极;

② 将选择开关调到 pH 档,温度旋钮调至使旋钮白线对准溶液温度值,斜率旋钮顺时针旋到底(即调到 100％位置);

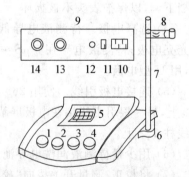

图Ⅲ - 12　pHS - 3C 型 pH 计面板图

1—选择开关;2—温度旋钮;3—斜率旋钮;4—定位旋钮;5—显示屏;6—电极梗座;7—电极梗;8—电极夹;9—仪器后面板;10—电源接口;11—电源开关;12—保险丝;13—参比电极接口;14—测量电极插座

③ 将电极用蒸馏水清洗、滤纸吸干后，插入到 pH＝6.86 的标准缓冲溶液中，调节定位旋钮，使仪器显示读数与该缓冲溶液当时温度下的 pH 相一致；

④ 将电极清洗吸干后，再插入到 pH＝4.00（或 pH＝9.18）的标准缓冲溶液中，调节斜率旋钮，使仪器显示读数与该缓冲溶液当时温度下的 pH 相一致；

⑤ 重复步骤③④，直至不用再调节定位和斜率两旋钮为止。标定后，两旋钮不应再有变动。仪器在连续使用时一般要每天标定一次。

（4）测量。将电极清洗吸干后，浸入到待测溶液中，用玻棒搅拌均匀，显示屏读数即为待测溶液的 pH。如待测溶液和定位缓冲溶液温度不同，则应先调节温度旋钮，使旋钮白线对准待测溶液的温度值。

3．酸度计使用注意事项

（1）仪器的输入端（测量电极插座、插头）必须保持干燥清洁。仪器不用时，应将 Q9 短路插头插入插座，防止灰尘及水汽浸入。环境湿度较高时，应将电极插头用干净纱布擦干。

（2）测量时，电极的引入导线应保持静止，否则会引起测量不稳定。

（3）用缓冲溶液标定仪器时，要保证缓冲溶液的可靠性，不能配错缓冲溶液。

（4）仪器采用了 MOS 集成电路，因此在检修时应保证电烙铁有良好的接地。

（5）仪器参比电极接口只在使用非复合电极时才用，此时需另配电极转换器。

4．电极使用注意事项

（1）电极在测量前必须用与待测液 pH 相近的标准缓冲溶液进行标定，每次标定、测量前应用蒸馏水或去离子水充分清洗，再用滤纸吸干。

（2）取下电极护套后，应避免电极的敏感玻璃球泡与硬物接触，因任何破损或擦毛都将使电极失效。测量结束洗净后，及时将电极护套套上，套内应放少量内参比补充液，以保持电极球泡的湿润，切忌浸泡在蒸馏水中。

（3）复合电极的内参比补充液为 3 mol/L KCl 溶液，补充液可以从橡皮套套着的电极上端小孔加入。电极不用时，应拉上橡皮套，以防补充液干涸。

（4）电极的引出端必须保持清洁干燥，绝对防止输出两端短路。电极应与输入阻抗较高的 pH 计（$\geqslant 3 \times 10^{11}$ Ω）配套，以保持其良好特性。

（5）电极应避免长期浸在蒸馏水、蛋白质溶液或酸性氟化物溶液中，避免与有机硅油接触。

（6）电极经长期使用后，如发现斜率下降，则可把电极下端浸泡在 4% HF（氢氟酸）中 3～5 s，然后用蒸馏水洗净后在 0.1 mol/L HCl 溶液中浸泡，使之复新。

（7）待测液中如含有易污染敏感球泡或堵塞液接界的物质而使电极钝化，会出现斜率下降、显示读数不准现象，此时应根据污染物的性质，用适当溶液清洗，使电极复新。选用清洗剂时，不能用四氯化碳、三氯乙烯、四氢呋喃等能溶解复合电极聚碳酸酯外壳的清洗液，因其溶解后极易污染敏感球泡，使电极失效。也不能用复合电极去测上述溶液。此时可选用 65-1 型玻璃壳 pH 复合电极。

八、电位差计

原电池电动势必须在通过的电流无限小时才能进行测量，有电流通过时，由于电极极化及电池内阻电位降，只能测得电池的端电压，其值比电动势要小。伏特计或万用电表由于必须要有电流通过才能驱动指针偏转,因此不能直接用于电池电动势的测量。一般用直流电位差计配以韦斯顿(Weston)饱和式标准电池和检流计测量电池电动势。电位差计可分为高阻型和低阻型两类,使用时可根据待测系统的不同来选用,通常高电阻系统选用高阻型电位差计,低电阻系统选用低阻型电位差计。但不管电位差计的类型如何,其测量原理都是一样的。随着电子技术的发展,一种新型的数字式电子电位差计也得到了广泛的应用。下面具体以 UJ - 25 型电位差计和 EM - 2A 型数字式电子电位差计为例,简述其原理和使用方法。

(一) UJ - 25 型电位差计

UJ - 25 型直流电位差计属于高阻电位差计,它适用于测量内阻较大的电池电动势,以及较大电阻上的电压降等。由于工作电流小,线路电阻大,故在测量过程中工作电流变化很小,因此需要高灵敏度的检流计。它的主要特点是测量时几乎不损耗被测对象的能量,测量结果稳定、可靠,而且有很高的准确度,因此为教学、科研部门广泛使用。

1. 电位差计的测量原理

电位差计是根据波根多夫(Poggendorff)对消法(补偿法)测量原理而设计的一种平衡式电学测量装置,能直接给出待测电池的电动势值。图Ⅲ - 13 是对消法测量电动势原理图。从图可知,电位差计由三个回路组成,即工作电流回路、标准回路和测量回路。

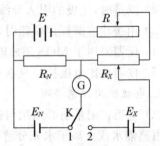

图Ⅲ - 13 对消法测量电动势原理图
E—工作电源;E_N—标准电池;E_X—待测电池;R—工作电流调节电阻;R_N—标准电池补偿电阻;R_X—待测电池补偿电阻;K—转换开关;G—检流计

(1)工作电流回路,也叫电源回路。从工作电源正极开始,经电阻 R_N、R_X、R,回到工作电源负极。其作用是借助于调节 R 使在补偿电阻上产生一定的电位降。

(2)标准回路,也叫校准回路。从标准电池正极开始(当转换开关 K 扳向"1"时),经电阻 R_N、检流计 G 回到标准电池负极。其作用是校准工作电流回路以标定补偿电阻上的电位降。通过调节 R 使 G 中电流为零,此时 R_N 产生的电位降与标准电池的电动势 E_N 相对消,也即大小相等而方向相反。校准后,工作电流回路的电阻为一定值,又测量过程的短时间内工作电源电动势 E 可视为恒定,故工作电流 I 也恒定。

(3)测量回路。从待测电池正极开始(当转换开关 K 扳向"2"时),经检流计 G、电阻 R_X,回到待测电池负极。在保证校准后的工作电流 I 不变,即固定 R 的条件下,调节电阻 R_X,使 G 中电流为零。此时 R_X 产生的电位降与待测电池的电动势 E_X 相对消。

由欧姆定律,工作电流 I 为:

$$I = \frac{E}{\sum R} = \frac{E_N}{R_N} = \frac{E_X}{R_X}$$

即

$$E_X = \frac{E_N}{R_N} \cdot R_X$$

因此,当标准电池电动势 E_N 和标准电池补偿电阻 R_N 均确定时,只要测出待测电池补偿电阻 R_X 的值,即可求出待测电池的电动势 E_X。

由此可见,应用对消法测量电池电动势有如下优点:

① 无需测出线路中工作电流 I 的数值，只需测得 R_X 与 R_N 的比值即可。

② 完全补偿时，工作回路与测量回路之间无电流通过，所以工作回路不消耗任何测量回路的能量，因此测量回路电池的电动势不因接入电位差计而有所改变。

③ 测量结果的准确性依赖于标准电池的电动势 E_N 及待测电动势之补偿电阻 R_X 与标准电动势之补偿电阻 R_N 的比值的准确性，由于标准电池及 R_X、R_N 电阻的制造精度都很高，配以高灵敏度检流计，即可使测量结果极为准确。

2．UJ - 25 型电位差计的使用方法

UJ - 25 型电位差计的面板如图Ⅲ - 14 所示，使用时可按图连接线路。电位差计使用时都配用灵敏检流计和标准电池以及直流工作电源（低压稳压直流电源或二节一号干电池，亦可用蓄电池）。UJ - 25 型电位差计测电动势的范围其上限为 600 V，下限为 0.000001 V，但测量高于 1.911110 V 以上电压时必须配用分压箱来提高上限。下面说明测量 1.911110 V 以下电压的方法：

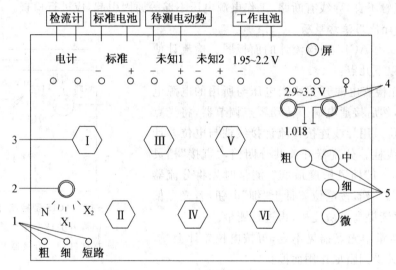

图Ⅲ - 14　UJ - 25 型电位差计面板图

1—电计按钮；2—转换开关；3—测量旋钮（共 6 个）；4—标准电池温度补偿旋钮；

5—工作电流调节旋钮

（1）连接线路

先将（N、X_1、X_2）转换开关放在"断"位置上，并将左下方三个电计按钮（粗、细、短路）全部松开，然后将工作电源、待测电池和标准电池按正、负极性接在相应的端钮上，并接上检流计（检流计没有极性的要求）。

（2）标定

调节右上方两个标准电池温度补偿旋钮，使其数值与标准电池的电动势值相一致。由于标准电池的电动势与温度有关，调整前应先算出当前环境温度下标准电池电动势的准确值。常用的饱和镉汞标准电池的电动势可按下式计算：

$$E_N = 1.0186 - 4.06 \times 10^{-5}(t - 20) - 9.5 \times 10^{-7}(t - 20)^2$$

式中，1.0186 是标准电池在 20℃ 时的电动势值（单位是 V）。

将（N、X_1、X_2）转换开关放在 N（标准）位置上，按"粗"电计按钮，旋动右下方（粗、中、细、

微)四个工作电流调节旋钮,使检流计示零。然后再按"细"电计按钮,重复上述操作。注意按电计按钮时,不能长时间按住不放,需要"按"和"松"交替进行。

(3)测量

松开全部按钮,将(N、X_1、X_2)转换开关放在 X_1 或 X_2(未知)位置上,按下"粗"电计按钮,由左向右依次调节六个测量旋钮,使检流计示零。然后再按下"细"电计按钮,重复以上操作使检流计示零。读出六个旋钮下方小孔示数的总和即为被测电池的电动势。

3. UJ-25 型电位差计使用注意事项

(1)测量过程中,若发现检流计受到冲击时,应迅速按下"短路"按钮,以保护检流计。

(2)由于工作电源的电压会发生变化,故在测量过程中要经常标定。另外,新制备的电池电动势也不够稳定,应隔数分钟测一次,最后取平均值。

(3)测定时电计按钮按下的时间应尽量短,以防止电流通过而改变电极的平衡状态。

(4)若在测定过程中,检流计一直往一边偏转,找不到平衡点,这可能是电极的正负号接错、线路接触不良、导线有断路、工作电源电压不够等原因引起,应进行检查。

4. 检流计使用注意事项

图Ⅲ-15 为 AC15 型检流计的面板图。检流计使用时需注意以下几点:

(1)首先检查电源开关所指电压与所用的电源电压是否一致,然后接通电源。转动零点调节器,将光点准线调至零位。用导线连接检流计接线柱与电位差计上"电计"接线柱。分流器开关共分四档,"直接"档灵敏度最高,"0.01"档灵敏度最低。测量时先将分流器开关旋至"0.01"档,按电位差计上"细"电钮,若光点偏转不大,再逐渐提高灵敏度档,再进行测量。

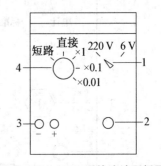

图Ⅲ-15　AC15 型检流计面板图
1—电源开关;2—零点调节器;
3—接线柱;4—分流器开关

(2)若测量中光点摇晃不定,可按电位差计上"短路"电钮,使其受到阻尼作用而停止。

(3)实验结束或移动检流计时,应将分流器开关置于"短路",以防损坏。

(4)检流计系精密仪器,使用时要严格防止剧烈振动及碰撞挤压,防止过大电流通过,以免损坏线圈。还应防止酸碱腐蚀。

5. 标准电池使用注意事项

(1)正、负极不能接错。只能用作电动势测量的比较标准和电位差计配合使用,不能作为电源使用,测量时间必须短暂,间歇按键,以免电流过大,损坏电池。按规定时间,需要对标准电池进行计量校正。

(2)振动会破坏电池的平衡,故使用及搬动时要平稳,避免振动,不能倒置或倾斜放置。

(3)电池在使用中的电流不应大于微安数量级。

(4)不允许用伏特计或万用电表测量其电动势。

(5)使用温度 4~40℃。因水合 $CdSO_4$ 晶体在温度波动的环境中会反复不断溶解、再结晶,致使原来微小的晶粒结成大块,增加电池的内阻及降低电位差计中检流计回路的灵敏度。因此,应尽可能将标准电池置于温度波动不大的环境中。

(6)$CdSO_4$ 属感光性物质,光照会使其变质,从而使电池电动势对温度变化的滞后增大,故标准电池放置时应避免光的照射。

（二）EM－2A 型数字式电子电位差计

数字式电子电位差计是一种新型的电动势精密测量装置,它集成标准电压和测量电路于一体,可替代 UJ－25 等传统电位差计和与之配套的工作电源、光电检流计、变阻箱等设备,装置简化,测量准确,操作便捷。数字式电子电位差计保留了对消法测量电动势的原理,用内置的可代替标准电池的高精度参考电压集成块作比较电压,测量电路的输入端采用高输入阻抗器件(阻抗≥10^{14} Ω),使通过的电流几乎为零,故不会影响被测电动势的大小。仪器线路设计采用全集成器件,被测电动势与参考电压经过高精度的仪表放大器比较输出,达至平衡时即可知被测电动势的大小。仪器还设置了外校输入,可接标准电池来校正仪器的测量精度。

1. EM－2A 型数字式电子电位差计的使用方法

EM－2A 型数字式电子电位差计的面板如图Ⅲ－16 所示,左上方为"电动势指示"6 位数码显示窗,右上方为"平衡指示"4 位数码显示窗。左边的功能按钮可置于"调零"或"测量"档。右下方有三个电位器,可进行"平衡调节"和"零位调节",其中"平衡调节"包括"粗"、"细"两个电位器。"电位选择"为一个五档的拨档开关,可根据测量需要选档。两个标记为"＋"、"－"的红黑接线柱即为被测电动势接线柱。具体使用方法如下:

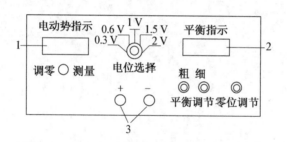

图Ⅲ－16　EM－2A 型数字式电子电位差计面板图
1—6 位 LED 显示;2—4 位 LED 显示;3—待测电动势接线柱

（1）通电。插上电源,打开电源开关,两组 LED 显示即亮。预热 5 min。

（2）接线。将待测电动势按正、负极性在红黑接线柱上接好。左 LED 显示为内置高精度电压源的电压值,右 LED 显示通常为"999"或"－999"。如显示均为 7,则表示被测电动势超量程。

（3）选量程。"电位选择"分 0.3 V、0.6 V、1 V、1.5 V、2 V 五档,分别对应:0～0.3 V,0.3～0.6 V,0.6～1 V,1～1.5 V,1.5～2 V。各档之间有一定的交叉。也就是说,如被测电动势在 0.3 V 左右,则选择 0.3 V 和 0.6 V 档都可以。选档有两种方法:

① 根据估计的被测电动势值,将"电位选择"开关拨至相应档位。

② 任选一档位,如"平衡指示"为"999",则选此档或需向左换档;如"平衡指示"为"－999",则选此档或需向右换档。再进一步调节电位器即可选出正确的档位。

（4）调零。将功能按钮拨至"调零",调节"零位调节"电位器,使"平衡指示"数码显示稳定在正零指示上。"电动势指示"此时显示为"------"。

（5）测量。将功能按钮拨至"测量",调节"平衡调节"之"粗"、"细"调节电位器,使"平衡指示"数码显示在零值附近。此时,等待"电动势指示"数码显示稳定下来,此即为被测电动势值。需要注意的是,因为仪器的精度极高,"电动势指示"和"平衡指示"数码显示在小范围内波动属正常,波动范围通常在±2 之间。

2. EM-2A 型数字式电子电位差计使用注意事项

(1) 仪器不应放置在有强电磁场干扰的环境中。

(2) 仪器出厂时已校准好,不要随意校准。

(3) 如仪器正常通电后无显示,请检查后面板上的保险丝(0.5 A)。

(4) 若"电位选择"旋钮松动或指示错位,可撬开旋钮盖,用备用专用工具对准旋钮内槽口拧紧即可。

Ⅳ. 附　　录

附录一　国际单位制(SI)

表 1　SI 基本单位

物理量	单位名称	单位符号
长度	米	m
质量	千克(公斤)	kg
时间	秒	s
电流	安[培]	A
热力学温度	开[尔文]	K
物质的量	摩[尔]	mol
发光强度	坎[德拉]	cd

表 2　SI 辅助单位

物理量	单位名称	单位符号	用 SI 基本单位表示
[平面]角	弧度	rad	m/m
立体角	球面度	sr	m^2/m^2

表 3　SI 导出单位

物理量	单位名称	单位符号	用其他 SI 单位表示
频率	赫[兹]	Hz	s^{-1}
力,重力	牛[顿]	N	$m \cdot kg \cdot s^{-2}$
压强,压力,应力	帕[斯卡]	Pa	$N \cdot m^{-2}$
能[量],功,热量	焦[耳]	J	$N \cdot m$
功率,辐[射能]通量	瓦[特]	W	$J \cdot s^{-1}$
电量,电荷	库[仑]	C	$s \cdot A$
电压,电位,电动势	伏[特]	V	$W \cdot A^{-1}$

（续表）

物理量	单位名称	单位符号	用其他 SI 单位表示
电容	法[拉]	F	$C \cdot V^{-1}$
电阻	欧[姆]	Ω	$V \cdot A^{-1}$
电导	西[门子]	S	$Ω^{-1}$
磁通[量]	韦[伯]	Wb	$V \cdot s$
磁感应强度	特[斯拉]	T	$Wb \cdot m^{-2}$
电感	亨[利]	H	$Wb \cdot A^{-1}$
光通量	流[明]	lm	$cd \cdot sr$
[光]照度	勒[克斯]	lx	$lm \cdot m^{-2}$
[放射性]活度	贝克[勒尔]	Bq	s^{-1}
吸收剂量	戈[瑞]	Gy	$J \cdot kg^{-1}$
剂量当量	希[沃特]	Sv	$J \cdot kg^{-1}$
粘度	帕[斯卡]·秒	Pa·s	
表面张力	牛[顿]每米	N/m	
热容量,熵	焦[耳]每开	J/K	
电场强度	伏[特]每米	V/m	

表 4　SI 词头

因数	词头名称		符号	因数	词头名称		符号
	英文	中文			英文	中文	
10^{24}	yotta	尧[它]	Y	10^{-1}	deci	分	d
10^{21}	zetta	泽[它]	Z	10^{-2}	centi	厘	c
10^{18}	exa	艾[可萨]	E	10^{-3}	milli	毫	m
10^{15}	peta	拍[它]	P	10^{-6}	micro	微	μ
10^{12}	tera	太[拉]	T	10^{-9}	nano	纳[诺]	n
10^{9}	giga	吉[咖]	G	10^{-12}	pico	皮[可]	p
10^{6}	mega	兆	M	10^{-15}	femto	飞[母托]	f
10^{3}	kilo	千	k	10^{-18}	atto	阿[托]	a
10^{2}	hecto	百	h	10^{-21}	zepto	仄[普托]	z
10^{1}	deca	十	da	10^{-24}	yocto	幺[科托]	y

表 5　单位换算表

单位名称	符号	折合 SI 制	单位名称	符号	折合 SI 制
力的单位			国际蒸气表卡	cal_{IT}	4.186 8 J
公斤力	kgf	9.806 65 N	**功率单位**		
达因	dyn	10^{-5} N	公斤力·米/秒	kgf·m/s	9.806 65 W
粘度单位			马力	HP	735.499 W
泊	P	0.1 Pa·s	尔格/秒	erg/s	10^{-7} W
厘泊	cP	10^{-3} Pa·s	大卡/小时	kcal/h	1.163 W
压力单位			卡/秒	cal/s	4.186 8 W
毫巴	mbar	100 Pa	**比热单位**		
达因/厘米²	dyn/cm²	0.1 Pa	卡/克·度	cal/g·℃	4 186.8 J/kg·℃
公斤力/厘米²	kgf/cm²	98 066.5 Pa	尔格/克·度	erg/g·℃	10^{-4} J/kg·℃
工程大气压	at	98 066.5 Pa	**电磁单位**		
标准大气压	atm	101 325 Pa	伏·秒	V·s	1 Wb
毫米水高	mmH₂O	9.806 65 Pa	伏/厘米	V/cm	100 V/m
毫米汞高(托)	mmHg(Torr)	133.322 4 Pa	安·小时	A·h	3 600 C
功能单位			安/厘米	A/cm	100 A/m
公斤力·米	kgf·m	9.806 65 J	德拜	D	3.334×10^{-30} C·m
尔格	erg	10^{-7} J	高斯	Gs	10^{-4} T
马力·小时	HP·h	2.648×10^6 J			
升·标准大气压	L·atm	101.325 J			
瓦特·小时	W·h	3 600 J	奥斯特	Oe	$(1\ 000/4\pi)$A/m
热化学卡	cal_{th}	4.184 J			

另注：

1 升(L)＝1 dm³　　　　　　　　1 公顷(ha＝hm²)＝10^4 m²

1 吨(t)＝10^3 kg　　　　　　　　1 磅(lb)＝16 盎司(oz)＝0.453 592 37 kg

1 英里(mi)＝1 609 m　　　　　　1 英尺(ft)＝12 英寸(in)＝30.48 cm

1 海里(n mile)＝1 852 m　　　　1 节(kn)＝1 海里/小时

1 电子伏特(eV)＝$1.602\ 177\ 33 \times 10^{-19}$ J　　1 波数(cm⁻¹)＝$1.986\ 447\ 46 \times 10^{-23}$ J

附录二　希腊字母表

名称	正体		斜体		名称	正体		斜体	
	大写	小写	大写	小写		大写	小写	大写	小写
alpha	A	α	*A*	*α*	nu	N	ν	*N*	*ν*
beta	B	β	*B*	*β*	xi	Ξ	ξ	*Ξ*	*ξ*
gamma	Γ	γ	*Γ*	*γ*	omicron	O	o	*O*	*o*
delta	Δ	δ	*Δ*	*δ*	pi	Π	π	*Π*	*π*

（续表）

名称	正体		斜体		名称	正体		斜体	
	大写	小写	大写	小写		大写	小写	大写	小写
epsilon	E	ϵ	E	ε	rho	P	ρ	P	ρ
zeta	Z	ζ	Z	ζ	sigma	Σ	σ	Σ	σ
eta	H	η	H	η	tau	T	τ	T	τ
theta	Θ	θ	Θ	θ	upsilon	Υ	υ	Υ	υ
iota	I	ι	I	ι	phi	Φ	φ	Φ	φ
kappa	K	κ	K	κ	chi	X	χ	X	χ
lambda	Λ	λ	Λ	λ	psi	Ψ	ψ	Ψ	ψ
mu	M	μ	M	μ	omega	Ω	ω	Ω	ω

附录三　基本常数表

常数名称	符号	数值	单位(SI)	单位(cgs)
真空光速	c, c_0	2.997 924 58	10^8 米/秒	10^{10} 厘米/秒
基本电荷	e	1.602 177 33	10^{-19} 库仑	10^{-20} 厘米$^{1/2}$·克$^{1/2}$
阿伏加德罗常数	L, N_A	6.022 136 7	10^{23} 摩$^{-1}$	
法拉第常数	F	9.648 530 9	10^4 库仑/摩	10^3 厘米$^{1/2}$·克$^{1/2}$/摩
普朗克常数	h	6.626 075 5	10^{-34} 焦耳·秒	10^{-27} 尔格·秒
玻耳兹曼常数	k, k_B	1.380 658	10^{-23} 焦耳/开	10^{-16} 尔格/度
摩尔气体常数	R	8.314 510	焦耳/开·摩	10^7 尔格/度·摩
		1.987 2		卡/度·摩
		0.082 06		升·大气压/度·摩
万有引力常数	G	6.672 59	10^{-11} 牛顿·米^2·千克$^{-2}$	10^{-8} 达因·厘米^2·克$^{-2}$
重力加速度	g	9.806 65	米·秒$^{-2}$	10^2 厘米·秒$^{-2}$
玻尔磁子	μ_B	9.274 078	10^{-24} 焦耳/特	10^{-21} 尔格/高斯
真空磁导率	μ_0	4π	10^{-7} 牛顿·安$^{-2}$	
真空介电常数 （真空电容率）	$\varepsilon_0 = 1/\mu_0 c^2$	8.854 187 817	10^{-12} 法拉/米	
原子质量单位	$u = m(^{12}C)/12$	1.660 540 2	10^{-27} 千克	10^{-24} 克
电子静质量	m_e	9.109 389 7	10^{-31} 千克	10^{-28} 克
质子静质量	m_p	1.672 623 1	10^{-27} 千克	10^{-24} 克
中子静质量	m_n	1.674 928 6	10^{-27} 千克	10^{-24} 克
里德伯常数	R_∞	1.097 373 153 4	10^7 米$^{-1}$	10^5 厘米$^{-1}$
精细结构常数	α	7.297 353 08	10^{-3}	

附录四　水的蒸气压

温度/℃	蒸气压/Pa	温度/℃	蒸气压/Pa	温度/℃	蒸气压/Pa	温度/℃	蒸气压/Pa
−15.0	191.5	26.0	3 360.9	67.0	27 326	108.0	133 911
−14.0	208.0	27.0	3 564.9	68.0	28 554	109.0	138 511
−13.0	225.5	28.0	3 779.6	69.0	29 828	110	143 263
−12.0	244.5	29.0	4 005.4	70.0	31 157	111	148 147
−11.0	264.9	30.0	4 242.8	71.0	32 517	112	153 152
−10.0	286.5	31.0	4 492.3	72.0	33 944	113	158 309
−9.0	310.1	32.0	4 754.7	73.0	35 424	114	163 619
−8.0	335.2	33.0	5 053.1	74.0	36 957	115	169 049
−7.0	362.0	34.0	5 319.3	75.0	38 544	116	174 644
−6.0	390.8	35.0	5 489.5	76.0	40 183	117	180 378
−5.0	421.7	36.0	5 941.2	77.0	41 876	118	186 275
−4.0	454.6	37.0	6 275.1	78.0	43 636	119	192 334
−3.0	489.7	38.0	6 625.0	79.0	45 463	120	198 535
−2.0	527.4	39.0	6 991.7	80.0	47 343	121	204 889
−1.0	567.7	40.0	7 375.9	81.0	49 289	122	211 459
0.0	610.5	41.0	7 778.0	82.0	51 316	123	218 163
1.0	656.7	42.0	8 199.3	83.0	53 409	124	225 022
2.0	705.8	43.0	8 639.3	84.0	55 569	125	232 104
3.0	757.9	44.0	9 100.6	85.0	57 808	126	239 329
4.0	813.4	45.0	9 583.2	86.0	60 115	127	246 756
5.0	872.3	46.0	10 086	87.0	62 488	128	254 356
6.0	935.0	47.0	10 612	88.0	64 941	129	262 158
7.0	1 001.6	48.0	11 160	89.0	67 474	130	270 124
8.0	1 072.6	49.0	11 735	90.0	70 096	135	312 941
9.0	1 147.8	50.0	12 334	91.0	72 801	140	361 425
10.0	1 227.8	51.0	12 959	92.0	75 592	145	415 533
11.0	1 312.4	52.0	13 611	93.0	78 474	150	476 024
12.0	1 402.3	53.0	14 292	94.0	81 447	155	543 405
13.0	1 497.3	54.0	15 000	95.0	84 513	160	618 081
14.0	1 598.1	55.0	15 737	96.0	87 675	165	700 762
15.0	1 704.9	56.0	16 505	97.0	90 935	170	792 055
16.0	1 817.7	57.0	17 308	98.0	94 295	175	892 468
17.0	1 937.2	58.0	18 142	99.0	97 757	180	1 002 608
18.0	2 063.4	59.0	19 012	100.0	101 325	185	1 123 083

温度/℃	蒸气压/Pa	温度/℃	蒸气压/Pa	温度/℃	蒸气压/Pa	温度/℃	蒸气压/Pa
19.0	2 196.8	60.0	19 916	101.0	104 734	190	1 255 008
20.0	2 337.8	61.0	20 856	102.0	108 732	195	1 398 383
21.0	2 486.5	62.0	21 834	103.0	112 673	200	1 554 423
22.0	2 643.4	63.0	22 849	104.0	116 665	205	1 723 865
23.0	2 808.8	64.0	23 906	105.0	120 799	210	1 907 235
24.0	2 983.4	65.0	25 003	106.0	125 045	215	2 105 528
25.0	3 167.2	66.0	26 143	107.0	129 402		

附录五　几种物质的蒸气压

物质的蒸气压 p(Pa)可按下式计算：

$$\lg p = A - \frac{B}{C+t} + 2.124\,9$$

式中，A、B、C 为常数，t 为摄氏温度（℃）。

物质	分子式	温度范围/℃	A	B	C
四氯化碳	CCl_4		6.879 26	1 212.021	226.41
氯仿	$CHCl_3$	$-30\sim150$	6.903 28	1 163.03	227.4
1,2-二氯乙烷	$C_2H_4Cl_2$	$-31\sim99$	7.025 3	1 271.3	222.9
甲醇	CH_4O	$-14\sim65$	7.897 50	1 474.08	229.13
乙醇	C_2H_6O	$-2\sim100$	8.321 09	1 718.10	237.52
		$-30\sim150$	8.044 94	1 554.3	222.65
异丙醇	C_3H_8O	$0\sim101$	8.117 78	1 580.92	219.61
正丁醇	$C_4H_{10}O$	$15\sim131$	7.476 80	1 362.39	178.77
丙酮	C_3H_6O	$-30\sim150$	7.024 47	1 161.0	224
醋酸	$C_2H_4O_2$	$0\sim36$	7.803 07	1 651.2	225
		$36\sim170$	7.188 07	1 416.7	211
乙酸乙酯	$C_4H_8O_2$	$-20\sim150$	7.098 08	1 238.71	217.0
环己烷	C_6H_{12}	$20\sim81$	6.841 30	1 201.53	222.65
苯	C_6H_6	$-20\sim150$	6.905 65	1 211.033	220.790
甲苯	C_7H_8	$-20\sim150$	6.954 64	1 344.800	219.482
乙苯	C_8H_{10}	$-20\sim150$	6.957 19	1 424.255	213.206
水	H_2O	$0\sim60$	8.107 65	1 750.286	235.0
		$60\sim150$	7.966 81	1 668.21	228.0
汞	Hg	$100\sim200$	7.469 05	2 771.898	244.831
		$200\sim300$	7.732 4	3 003.68	262.482

附录六 水的密度

$t/℃$	$\rho/(kg \cdot m^{-3})$	$t/℃$	$\rho/(kg \cdot m^{-3})$
0	999.87	45	990.25
3.98	1 000.0	50	988.07
5	999.99	55	985.73
10	999.73	60	983.24
15	999.13	65	980.59
18	998.62	70	977.81
20	998.23	75	974.89
25	997.07	80	971.83
30	995.67	85	968.65
35	994.06	90	965.34
38	992.99	95	961.92
40	992.24	100	958.38

附录七 乙醇的密度

$(kg \cdot m^{-3})$

$t/℃$	0	1	2	3	4	5	6	7	8	9
0	806.25	805.41	804.57	803.74	802.90	802.07	801.23	800.39	799.56	798.72
10	797.88	797.04	796.20	795.35	794.51	793.67	792.83	791.98	791.14	790.29
20	789.45	788.60	787.75	786.91	786.06	785.22	784.37	783.52	782.67	781.82
30	780.97	780.12	779.27	778.41	777.56	776.71	775.85	775.00	774.14	773.29

附录八 几种物质的密度

物质的密度可按下式计算：

$$\rho_t = \rho_0 + \alpha(t-t_0) + 10^{-3}\beta(t-t_0)^2 + 10^{-6}\gamma(t-t_0)^3$$

式中，$t_0 = 0℃$。

$(kg \cdot m^{-3})$

物质	ρ_0	α	β	γ	温度范围/℃
四氯化碳	1 632.55	−1.911 0	−0.690		0～40
氯仿	1 526.43	−1.856 3	−0.530 9	−8.81	−53～55
乙醚	736.29	−1.113 8	−1.237		0～70
异丙醇	816.9	−0.751	−0.28	−8	0～50
丙酮	812.48	−1.100	−0.858		0～50

物质	ρ_0	α	β	γ	温度范围/℃
醋酸	1 072.4	−1.122 9	0.005 8	−2.0	9～100
乙酸乙酯	924.54	−1.168	−1.95	20	0～40
环己烷	797.07	−0.887 9	−0.972	1.55	0～65
苯	(900.05)	−1.063 6	−0.037 6	−2.213	11～72
氯苯	1 127.82	−1.066 4	−0.246 3	−0.53	0～73
溴苯	1 522.31	−1.345	−0.24	0.76	0～80
硝基苯	1 223.00	−0.987 21	−0.099 44		0～58

附录九　水的折射率和介电常数（相对）

（钠光 $\lambda = 589.3\ nm$）

温度/℃	折射率 n_D	介电常数 ε	温度/℃	折射率 n_D	介电常数 ε
0	1.333 95	87.74	35	1.331 31	74.83
5	1.333 88	85.76	40	1.330 61	73.15
10	1.333 69	83.83	45	1.329 85	71.51
15	1.333 39	81.95	50	1.329 04	69.91
20	1.333 00	80.10	55	1.328 17	68.35
21	1.332 90	79.73	60	1.327 25	66.82
22	1.332 80	79.38	65		65.32
23	1.332 71	79.02	70		63.86
24	1.332 61	78.65	75		62.43
25	1.332 52	78.30	80		61.03
26	1.332 40	77.94	85		59.66
27	1.332 29	77.60	90		58.32
28	1.332 17	77.24	95		57.01
29	1.332 06	76.90	100		55.72
30	1.331 94	76.55			

附录十　几种液体的折射率

（25℃，钠光 $\lambda = 589.3\ nm$）

物质	折射率 n_D	物质	折射率 n_D
甲醇	1.326	氯仿	1.444
水	1.332 52	四氯化碳	1.459
乙醚	1.352	乙苯	1.493
丙酮	1.357	甲苯	1.494
乙醇	1.359	苯	1.498

（续表）

物质	折射率 n_D	物质	折射率 n_D
醋酸	1.370	苯乙烯	1.545
乙酸乙酯	1.370	溴苯	1.557
正己烷	1.372	苯胺	1.583
正丁醇	1.397	溴仿	1.587
异丙醇	1.375 2	环己烷(20℃)	1.426 62

附录十一　几种有机溶剂的介电常数和偶极矩

物质	温度 $t/℃$	介电常数 ε	偶极矩/D
乙醇	25	24.35	1.69
正丁醇	20	17.80	1.66
丙酮	20	$20.70^{25℃}$	2.88
苯	25	2.274	0
氯苯	20	$5.621^{25℃}$	1.69
氯仿	15	$4.806^{20℃}$	1.01
环己烷	20	2.023	0
四氯化碳	20	2.238	0
乙酸乙酯	25	6.02	1.78

附录十二　水对空气的表面张力

$t/℃$	$\sigma/(N·m^{-1})$	$t/℃$	$\sigma/(N·m^{-1})$	$t/℃$	$\sigma/(N·m^{-1})$
−8	0.077 0	19	0.072 90	40	0.069 56
−5	0.076 42	20	0.072 75	45	0.068 74
0	0.075 64	21	0.072 59	50	0.067 91
5	0.074 92	22	0.072 44	60	0.066 18
10	0.074 22	23	0.072 28	70	0.064 42
11	0.074 07	24	0.072 13	80	0.062 61
12	0.073 93	25	0.071 97	90	0.060 75
13	0.073 78	26	0.071 82	100	0.058 85
14	0.073 64	27	0.071 66	110	0.056 89
15	0.073 49	28	0.071 50	120	0.054 89
16	0.073 34	29	0.071 35	130	0.052 84
17	0.073 19	30	0.071 18		
18	0.073 05	35	0.070 38		

附录十三　乙醇在水中的表面张力

%＝乙醇的体积%　　　　　　　　σ＝表面张力/(N·m⁻¹) の代わり σ＝表面张力/(N·m⁻¹)

% t/℃	5.00	10.00	24.00	34.00	48.00	60.00	72.00	80.00	96.00
20				0.033 24	0.030 10	0.027 56	0.026 28	0.024 91	0.023 04
40	0.054 92	0.048 25	0.035 50	0.031 58	0.028 93	0.026 18	0.024 91	0.023 43	0.021 38
50	0.053 35	0.046 77	0.034 32	0.030 70	0.028 24	0.025 50	0.024 12	0.022 56	0.020 40

附录十四　几种有机物在水中的表面张力

%＝溶质的质量%　　　　　　　　σ＝表面张力/(N·m⁻¹)

丙酮 (25℃)	%	5.00	10.00	20.00	50.00	75.00	95.00	100.00
	σ	0.055 50	0.048 90	0.041 10	0.030 40	0.026 80	0.024 20	0.023 00
甲酸 (30℃)	%	1.00	5.00	10.00	25.00	50.00	75.00	100.00
	σ	0.070 07	0.066 20	0.062 78	0.056 29	0.049 50	0.043 40	0.036 51
醋酸 (30℃)	%	1.00	2.475	5.001	10.01	30.09	49.96	69.91
	σ	0.068 00	0.064 40	0.060 10	0.054 60	0.043 60	0.038 40	0.034 30
丙酸 (25℃)	%	1.91	5.84	9.80	21.70	49.80	73.90	100.00
	σ	0.060 00	0.049 00	0.044 00	0.036 00	0.032 00	0.030 00	0.026 00
正丁酸 (25℃)	%	0.14	0.31	1.05	8.60	25.00	79.00	100.00
	σ	0.069 00	0.065 00	0.056 00	0.033 00	0.028 00	0.027 00	0.026 00
甘油 (18℃)	%	5.00	10.00	20.00	30.00	50.00	85.00	100.00
	σ	0.072 90	0.072 90	0.072 40	0.072 00	0.070 00	0.066 00	0.063 00
正丙醇 (25℃)	%	0.1	0.5	1.0	50.0	60.0	80.0	90.0
	σ	0.067 10	0.056 18	0.049 30	0.024 34	0.024 15	0.023 66	0.023 41
正丁醇 (30℃)	%	0.04	0.41	9.53	80.40	86.05	94.20	97.40
	σ	0.069 33	0.060 38	0.026 97	0.023 69	0.023 47	0.023 29	0.022 25

附录十五　水的粘度

（单位：10^{-3} Pa·s）

$t/℃$	0	1	2	3	4	5	6	7	8	9
0	1.787	1.728	1.671	1.618	1.567	1.519	1.472	1.428	1.386	1.346
10	1.307	1.271	1.235	1.202	1.169	1.139	1.109	1.081	1.053	1.027
20	1.002	0.977 9	0.954 8	0.932 5	0.911 1	0.890 4	0.870 5	0.851 3	0.832 7	0.814 8
30	0.797 5	0.780 8	0.764 7	0.749 1	0.734 0	0.719 4	0.705 2	0.691 5	0.678 3	0.665 4
40	0.652 9	0.640 8	0.629 1	0.617 8	0.606 7	0.596 0	0.585 6	0.575 5	0.565 6	0.556 1
50	0.546 8	0.537 8	0.529 0	0.520 4	0.512 1	0.504 0	0.496 1	0.488 4	0.480 9	0.473 6
60	0.466 5	0.459 6	0.452 8	0.446 2	0.439 8	0.433 5	0.427 3	0.421 3	0.415 5	0.409 8
70	0.404 2	0.398 7	0.393 4	0.388 2	0.383 1	0.378 1	0.373 2	0.368 4	0.363 8	0.359 2
80	0.354 7	0.350 3	0.346 0	0.341 8	0.337 7	0.333 7	0.329 7	0.325 9	0.322 1	0.318 4
90	0.314 7	0.311 1	0.307 6	0.304 2	0.300 8	0.297 5	0.294 2	0.291 1	0.287 9	0.284 8
100	0.281 8									

附录十六　几种液体的粘度

$t=$温度$/℃$　　　　　$\eta=$粘度$/(10^{-3}$ Pa·s$)$

甲醇	t	0	15	20	25	30	40	50		
	η	0.82	0.623	0.597	0.547	0.510	0.456	0.403		
乙醇	t	0	10	20	30	40	50	60	70	
	η	1.733	1.466	1.200	1.003	0.834	0.702	0.592	0.504	
丙酮	t	0	15	25	30	41	乙醚	20	乙醛	20
	η	0.399	0.337	0.316	0.295	0.280		0.233 2		0.22
醋酸	t	15	18	25.2	30	41	59	70	100	
	η	1.31	1.30	1.155	1.04	1.00	0.70	0.60	0.43	
苯	t	0	10	20	30	40	50	60	70	80
	η	0.912	0.758	0.652	0.564	0.503	0.442	0.392	0.358	0.329
甲苯	t	0	17	20	30	40	70	乙苯	17	
	η	0.772	0.61	0.590	0.526	0.471	0.354		0.691	
甘油	t	15	20	25	30	乙酸	15	20	25	30
	η	2 330	1 490	954	629	乙酯	0.473	0.455	0.441	0.400

附录十七　几种有机物质的燃烧热

(101 325 Pa,25℃)

物质		$\dfrac{-\Delta_c H_m^{\ominus}}{kJ \cdot mol^{-1}}$	物质		$\dfrac{-\Delta_c H_m^{\ominus}}{kJ \cdot mol^{-1}}$
$CH_4(g)$	甲烷	890.31	$(CH_3)_2CO(l)$	丙酮	1 790.4
$C_2H_6(g)$	乙烷	1 559.8	$CH_3COC_2H_5(l)$	甲乙酮	2 444.2
$C_3H_8(g)$	丙烷	2 219.9	$HCOOH(l)$	甲酸	254.6
$C_5H_{12}(g)$	正戊烷	3 536.1	$CH_3COOH(l)$	乙酸	874.54
$C_5H_{12}(l)$	正戊烷	3 509.5	$C_2H_5COOH(l)$	丙酸	1 527.3
$C_6H_{14}(l)$	正己烷	4 163.1	$C_3H_7COOH(l)$	正丁酸	2 183.5
$C_2H_4(g)$	乙烯	1 411.0	$CH_2CHCOOH(l)$	丙烯酸	1 368.2
$C_2H_2(g)$	乙炔	1 299.6	$CH_2(COOH)_2(s)$	丙二酸	861.15
$C_3H_6(g)$	环丙烷	2 091.5	$(CH_2COOH)_2(s)$	丁二酸	1 491.0
$C_4H_8(l)$	环丁烷	2 720.5	$(CH_3CO)_2O(l)$	乙酸酐	1 806.2
$C_5H_{10}(l)$	环戊烷	3 290.9	$HCOOCH_3(l)$	甲酸甲酯	979.5
$C_6H_{12}(l)$	环己烷	3 919.9	$C_6H_5OH(s)$	苯酚	3 053.5
$C_6H_6(l)$	苯	3 267.5	$C_6H_5CHO(l)$	苯甲醛	3 527.9
$C_{10}H_8(s)$	萘	5 153.9	$C_6H_5COCH_3(l)$	苯乙酮	4 148.9
$CH_3OH(l)$	甲醇	726.51	$C_6H_5COOH(s)$	苯甲酸	3 226.9
$C_2H_5OH(l)$	乙醇	1 366.8	$C_6H_4(COOH)_2(s)$	邻苯二甲酸	3 223.5
$C_3H_7OH(l)$	正丙醇	2 019.8	$C_6H_5COOCH_3(l)$	苯甲酸甲酯	3 957.6
$C_4H_9OH(l)$	正丁醇	2 675.8	$C_{12}H_{22}O_{11}(s)$	蔗糖	5 640.9
$CH_3OC_2H_5(g)$	甲乙醚	2 107.4	$CH_3NH_2(l)$	甲胺	1 060.6
$(C_2H_5)_2O(l)$	二乙醚	2 751.1	$C_2H_5NH_2(l)$	乙胺	1 713.3
$HCHO(g)$	甲醛	570.78	$(NH_2)_2CO(s)$	尿素	631.66
$CH_3CHO(l)$	乙醛	1 166.4	$C_5H_5N(l)$	吡啶	2 782.4
$C_2H_5CHO(l)$	丙醛	1 816.3			

附录十八　KCl 的溶解热

1 mol KCl 溶于 200 mol 水中的积分溶解热 $\Delta H/(kJ \cdot mol^{-1})$

$t/℃$	0	1	2	3	4	5	6	7	8	9
0	22.008	21.786	21.556	21.351	21.142	20.941	20.740	20.543	20.338	20.163
10	19.979	19.794	19.623	19.447	19.276	19.100	18.933	18.765	18.602	18.443
20	18.297	18.146	17.995	17.849	17.702	17.556	17.414	17.272	17.138	17.004
30	16.874	16.740	16.615	16.493	16.372	16.259				

附注:25℃时 1 mol KNO₃ 溶于 200 mol 水中的积分溶解热 $\Delta H/(kJ \cdot mol^{-1})$ 为 34.899。

附录十九　几种溶剂的凝固点和凝固点降低常数

溶剂	T_f^*/℃	K_f/(K・kg・mol^{-1})	溶剂	T_f^*/℃	K_f/(K・kg・mol^{-1})
水	0.0	1.853	醋酸	16.66	3.90
苯	5.533	5.12	酚	40.90	7.40
环己烷	6.54	20.0	萘	80.29	6.94
溴仿	8.05	14.4	樟脑	178.75	37.7

附录二十　标准电池的电动势和参比电极的电势

标准电池(饱和)的电动势：

$$E/V=1.018\ 45-4.05\times10^{-5}(t-20)-9.5\times10^{-7}(t-20)^2+1\times10^{-8}(t-20)^3$$

甘汞电极的电势：

$0.1\ mol・dm^{-3}$ KCl 时,$\varphi/V=0.333\ 5-7\times10^{-5}(t-25)$

$1\ mol・dm^{-3}$ KCl 时,$\varphi/V=0.279\ 9-2.4\times10^{-4}(t-25)$

饱和 KCl 时,$\varphi/V=0.241\ 5-7.6\times10^{-4}(t-25)$

醌氢醌电极 $a(H^+)=1$ 的电势：

$$\varphi/V=0.699\ 69-7.36\times10^{-4}(t-25)-2.9\times10^{-7}(t-25)^2$$

银-氯化银电极 $a(Cl^-)=1$ 的电势：

$$\varphi/V=0.222\ 4-6.45\times10^{-4}(t-25)-3.28\times10^{-6}(t-25)^2$$

汞-溴化亚汞电极 $a(Br^-)=1$ 的电势：

$$\varphi/V=0.140-1.86\times10^{-4}(t-25)-3.2\times10^{-6}(t-25)^2$$

汞-硫酸亚汞电极 $a(SO_4^{2-})=1$ 的电势：

$$\varphi/V=0.614\ 1-8.02\times10^{-4}(t-25)-4\times10^{-7}(t-25)^2$$

附录二十一　纯水的电导率

t/℃	−2	0	2	4	10	18	20
κ/(10^{-6} S・m^{-1})	1.47	1.58	1.80	2.12	2.85	4.41	4.85
t/℃	25	26	30	34	35	50	
κ/(10^{-6} S・m^{-1})	6.33	6.70	8.15	9.62	10.02	18.9	

附录二十二　KCl 水溶液的电导率

t/℃	$\kappa/(S \cdot m^{-1})$		
	0. 01 mol · dm^{-3}	0. 02 mol · dm^{-3}	0. 10 mol · dm^{-3}
0	0.077 6	0.152 1	0.715
1	0.080 0	0.156 6	0.736
2	0.082 4	0.161 2	0.757
3	0.084 8	0.165 9	0.779
4	0.087 2	0.170 5	0.800
5	0.089 6	0.175 2	0.822
6	0.092 1	0.180 0	0.844
7	0.094 5	0.184 8	0.866
8	0.097 0	0.189 6	0.888
9	0.099 5	0.194 5	0.911
10	0.102 0	0.199 4	0.933
11	0.104 5	0.204 3	0.956
12	0.107 0	0.209 3	0.979
13	0.109 5	0.214 2	1.002
14	0.112 1	0.219 3	1.025
15	0.114 7	0.224 3	1.048
16	0.117 3	0.229 4	1.072
17	0.119 9	0.234 5	1.095
18	0.122 5	0.239 7	1.119
19	0.125 1	0.244 9	1.143
20	0.127 8	0.250 1	1.167
21	0.130 5	0.255 3	1.191
22	0.133 2	0.260 6	1.215
23	0.135 9	0.265 9	1.239
24	0.138 6	0.271 2	1.264
25	0.141 3	0.276 5	1.288
26	0.144 1	0.281 9	1.313
27	0.146 8	0.287 3	1.337
28	0.149 6	0.292 7	1.362
29	0.152 4	0.298 1	1.387
30	0.155 2	0.303 6	1.412
31	0.158 1	0.309 1	1.437
32	0.160 9	0.314 6	1.462

（续表）

$t/℃$	$\kappa/(S \cdot m^{-1})$		
	$0.01 \ mol \cdot dm^{-3}$	$0.02 \ mol \cdot dm^{-3}$	$0.10 \ mol \cdot dm^{-3}$
33	0.163 8	0.320 1	1.488
34	0.166 7	0.325 6	1.513
35		0.331 2	1.539
36		0.336 8	1.564

附录二十三　　无限稀水溶液中离子的摩尔电导率（25℃）

各离子的温度系数除 H^+（0.013 9）和 OH^-（0.018）外均为 $0.02 \ K^{-1}$。

阳离子	$\lambda_m^\infty/(10^{-4} S \cdot m^2 \cdot mol^{-1})$	阴离子	$\lambda_m^\infty/(10^{-4} S \cdot m^2 \cdot mol^{-1})$
Ag^+	61.92	Br^-	78.4
$1/3 \ Al^{3+}$	63	Cl^-	76.34
$1/2 \ Ba^{2+}$	63.64	F^-	54.4
$1/2 \ Be^{2+}$	54	ClO_3^-	64.4
$1/2 \ Ca^{2+}$	59.5	ClO_4^-	67.9
$1/2 \ Cd^{2+}$	54	CN^-	78
$1/3 \ Ce^{3+}$	70	$1/2 \ CO_3^{2-}$	72
$1/2 \ Co^{2+}$	53	$1/2 \ CrO_4^{2-}$	85
$1/3 \ Cr^{3+}$	67	$1/4 \ Fe(CN)_6^{4-}$	111
$1/2 \ Cu^{2+}$	55	$1/3 \ Fe(CN)_6^{3-}$	101
$1/2 \ Fe^{2+}$	54	HCO_3^-	44.5
$1/3 \ Fe^{3+}$	68	HS^-	65
H^+	**349.82**	HSO_3^-	50
$1/2 \ Hg^{2+}$	53.06	HSO_4^-	50
K^+	73.5	I^-	76.8
$1/3 \ La^{3+}$	69.6	IO_3^-	40.5
Li^+	38.69	IO_4^-	54.5
$1/2 \ Mg^{2+}$	53.06	NO_2^-	71.8
$1/2 \ Mn^{2+}$	53.5	NO_3^-	71.44
NH_4^+	73.4	**OH^-**	**198.0**
Na^+	50.11	$1/3 \ PO_4^{3-}$	69.0
$1/2 \ Ni^{2+}$	50	SCN^-	66
$1/2 \ Pb^{2+}$	71	$1/2 \ SO_3^{2-}$	79.9
$1/2 \ Sr^{2+}$	59.46	$1/2 \ SO_4^{2-}$	80.0
Tl^+	76	CH_3COO^-	40.9
$1/2 \ Zn^{2+}$	52.8	$1/2 \ C_2O_4^{2-}$	74.2

附录二十四　　强电解质的离子平均活度系数 $\gamma_\pm$（25℃）

电解质	浓度/(mol·kg⁻¹)									
	0.001	0.002	0.005	0.01	0.02	0.05	0.1	0.2	0.5	1.0
$AgNO_3$			0.92	0.90	0.86	0.79	0.731	0.654	0.534	0.428
HCl	0.966	0.952	0.928	0.904	0.875	0.830	0.796	0.767	0.758	0.809
HBr	0.966	0.952	0.929	0.906	0.879	0.838	0.805	0.782	0.790	0.871
HNO_3	0.965	0.951	0.927	0.902	0.871	0.823	0.785	0.748	0.715	0.720
H_2SO_4	0.830	0.757	0.639	0.544	0.453	0.340	0.265	0.209	0.154	0.130
KOH			0.92	0.90	0.86	0.824	0.798	0.760	0.732	0.756
NaOH				0.90	0.86	0.818	0.766	0.727	0.690	0.678
KCl	0.965	0.952	0.927	0.901		0.815	0.769	0.719	0.651	0.606
KBr	0.965	0.952	0.927	0.903	0.872	0.822	0.771	0.721	0.657	0.617
KI	0.965	0.951	0.927	0.905	0.88	0.84	0.776	0.731	0.675	0.646
NaCl	0.965	0.952	0.927	0.902	0.871	0.819	0.778	0.734	0.682	0.658
$NaNO_3$	0.966	0.953	0.93	0.90	0.87	0.82	0.758	0.702	0.615	0.548
Na_2SO_4	0.887	0.847	0.778	0.714	0.641	0.536	0.453	0.371	0.270	0.204
NH_4Cl	0.961	0.944	0.911	0.88	0.84	0.790	0.774	0.718	0.649	0.603
$MgSO_4$				0.40	0.32	0.22	(0.150)	0.107	0.068	0.049
$CuSO_4$	0.74		0.53	0.41	0.31	0.21	(0.150)	0.104	0.062	0.042
$CdSO_4$	0.73	0.64	0.50	0.40	0.31	0.21	(0.150)	0.103	0.062	0.042
$ZnSO_4$	0.700	0.508	0.477	0.387	0.298	0.202	0.150	0.104	0.063	0.044
$ZnCl_2$	0.88	0.84	0.789	0.731	0.667	0.578	0.515	0.459	0.429	0.337
$Pb(NO_3)_2$	0.885	0.843	0.763	0.687	0.600	0.464	0.405	0.316	0.210	0.145
$BaCl_2$	0.88		0.77	0.723		0.559	0.492	0.438	0.390	0.392
$Al_2(SO_4)_3$							(0.035)	0.023	0.014	0.017

附录二十五　　常用正交表

1. $L_4(2^3)$

试验号	列　号		
	1	2	3
1	1	1	1
2	1	2	2
3	2	1	2
4	2	2	1

2. $L_8(2^7)$

试验号	列 号						
	1	2	3	4	5	6	7
1	1	1	1	1	1	1	1
2	1	1	1	2	2	2	2
3	1	2	2	1	1	2	2
4	1	2	2	2	2	1	1
5	2	1	2	1	2	1	2
6	2	1	2	2	1	2	1
7	2	2	1	1	2	2	1
8	2	2	1	2	1	1	2

$L_8(2^7)$ 二列间的交互作用

列号 ( )	列 号						
	1	2	3	4	5	6	7
(1)	(1)	3	2	5	4	7	6
(2)		(2)	1	6	7	4	5
(3)			(3)	7	6	5	4
(4)				(4)	1	2	3
(5)					(5)	3	2
(6)						(6)	1
(7)							(7)

$L_8(2^7)$ 表头设计

因素数	列 号						
	1	2	3	4	5	6	7
3	A	B	A×B	C	A×C	B×C	
4	A	B	A×B C×D	C	A×C B×D	B×C A×D	D
4	A	B C×D	A×B	C B×D	A×C	D B×C	A×D
5	A D×E	B C×D	A×B C×E	C B×D	A×C B×E	D A×E B×C	E A×D

3. L₈(4¹×2⁴)

试验号	列 号				
	1	2	3	4	5
1	1	1	1	1	1
2	1	2	2	2	2
3	2	1	1	2	2
4	2	2	2	1	1
5	3	1	2	1	2
6	3	2	1	2	1
7	4	1	2	2	1
8	4	2	1	1	2

4. L₉(3⁴)

试验号	列 号			
	1	2	3	4
1	1	1	1	1
2	1	2	2	2
3	1	3	3	3
4	2	1	2	3
5	2	2	3	1
6	2	3	1	2
7	3	1	3	2
8	3	2	1	3
9	3	3	2	1

5. L₁₂(2¹¹)

试验号	列 号										
	1	2	3	4	5	6	7	8	9	10	11
1	1	1	1	1	1	1	1	1	1	1	1
2	1	1	1	1	1	2	2	2	2	2	2
3	1	1	2	2	2	1	1	1	2	2	2
4	1	2	1	2	2	1	2	2	1	1	2
5	1	2	2	1	2	2	1	2	1	2	1
6	1	2	2	2	1	2	2	1	2	1	1
7	2	1	2	2	1	1	2	2	1	2	1
8	2	1	2	1	2	2	2	1	1	1	2
9	2	1	1	2	2	2	1	2	2	1	1
10	2	2	2	1	1	1	1	2	2	1	2
11	2	2	1	2	1	2	1	1	1	2	2
12	2	2	1	1	2	1	2	1	2	2	1

6. $L_{16}(4^1 \times 2^{12})$

试验号	列　号												
	1	2	3	4	5	6	7	8	9	10	11	12	13
1	1	1	1	1	1	1	1	1	1	1	1	1	1
2	1	1	1	1	1	2	2	2	2	2	2	2	2
3	1	2	2	2	2	1	1	1	1	2	2	2	2
4	1	2	2	2	2	2	2	2	2	1	1	1	1
5	2	1	1	2	2	1	1	2	2	1	1	2	2
6	2	1	1	2	2	2	2	1	1	2	2	1	1
7	2	2	2	1	1	1	1	2	2	2	2	1	1
8	2	2	2	1	1	2	2	1	1	1	1	2	2
9	3	1	2	1	2	1	2	1	2	1	2	1	2
10	3	1	2	1	2	2	1	2	1	2	1	2	1
11	3	2	1	2	1	1	2	1	2	2	1	2	1
12	3	2	1	2	1	2	1	2	1	1	2	1	2
13	4	1	2	2	1	1	2	2	1	1	2	2	1
14	4	1	2	2	1	2	1	1	2	2	1	1	2
15	4	2	1	1	2	1	2	2	1	2	1	1	2
16	4	2	1	1	2	2	1	1	2	1	2	2	1

7. $L_{16}(4^2 \times 2^9)$

试验号	列　号										
	1	2	3	4	5	6	7	8	9	10	11
1	1	1	1	1	1	1	1	1	1	1	1
2	1	2	1	1	1	2	2	2	2	2	2
3	1	3	2	2	2	1	1	1	2	2	2
4	1	4	2	2	2	2	2	2	1	1	1
5	2	1	1	2	2	2	2	2	1	2	2
6	2	2	1	2	2	1	1	1	2	1	1
7	2	3	2	1	1	2	2	2	2	1	1
8	2	4	2	1	1	1	1	1	1	2	2
9	3	1	2	1	2	1	1	2	2	1	2
10	3	2	2	1	2	2	2	1	1	2	1
11	3	3	1	2	1	1	1	2	1	2	1
12	3	4	1	2	1	2	2	1	2	1	2
13	4	1	2	2	1	2	2	1	2	2	1
14	4	2	2	2	1	1	1	2	1	1	2
15	4	3	1	1	2	2	2	1	1	1	2
16	4	4	1	1	2	1	1	2	2	2	1

8. $L_{16}(4^3 \times 2^6)$

试验号	列　号								
	1	2	3	4	5	6	7	8	9
1	1	1	1	1	1	1	1	1	1
2	1	2	2	1	1	2	2	2	2
3	1	3	3	2	2	1	1	2	2
4	1	4	4	2	2	2	2	1	1
5	2	1	2	2	2	1	2	1	2
6	2	2	1	2	2	2	1	2	1
7	2	3	4	1	1	1	2	2	1
8	2	4	3	1	1	2	1	1	2
9	3	1	3	1	2	2	2	2	1
10	3	2	4	1	2	1	1	1	2
11	3	3	1	2	1	2	2	1	2
12	3	4	2	2	1	1	1	2	1
13	4	1	4	2	1	2	1	2	1
14	4	2	3	2	1	1	2	1	1
15	4	3	2	1	2	2	1	1	1
16	4	4	1	1	2	1	2	2	2

9. $L_{16}(4^4 \times 2^3)$

试验号	列　号						
	1	2	3	4	5	6	7
1	1	1	1	1	1	1	1
2	1	2	2	2	1	2	2
3	1	3	3	3	2	1	2
4	1	4	4	4	2	2	1
5	2	1	2	3	2	2	1
6	2	2	1	4	2	1	2
7	2	3	4	1	1	2	2
8	2	4	3	2	1	1	1
9	3	1	3	4	1	2	2
10	3	2	4	3	1	1	1
11	3	3	1	2	2	2	1
12	3	4	2	1	2	1	2
13	4	1	4	2	2	1	1
14	4	2	3	1	2	2	1
15	4	3	2	4	1	1	2
16	4	4	1	3	1	2	2

10. $L_{16}(4^5)$

试验号	列　号				
	1	2	3	4	5
1	1	1	1	1	1
2	1	2	2	2	2
3	1	3	3	3	3
4	1	4	4	4	4
5	2	1	2	3	4
6	2	2	1	4	3
7	2	3	4	1	2
8	2	4	3	2	1
9	3	1	3	4	2
10	3	2	4	3	1
11	3	3	1	2	4
12	3	4	2	1	3
13	4	1	4	2	3
14	4	2	3	1	4
15	4	3	2	4	1
16	4	4	1	3	2

参考文献

[1] 东北师范大学等校编. 物理化学实验(第二版). 北京:高等教育出版社,1989.

[2] 孙尔康,徐维清,邱金恒编. 物理化学实验. 南京:南京大学出版社,1998.

[3] 杨百勤主编. 物理化学实验. 北京:化学工业出版社,2001.

[4] 罗澄源,向明礼等编. 物理化学实验(第四版). 北京:高等教育出版社,2004.

[5] 吴子生,邓希贤主编. 物理化学实验. 北京:高等教育出版社,2002.

[6] 淮阴师范学院化学系编. 物理化学实验(第二版). 北京:高等教育出版社,2003.

[7] 王月娟,赵雷洪主编. 物理化学实验. 杭州:浙江大学出版社,2008.

[8] 华南理工大学物理化学教研室编. 物理化学实验. 广州:华南理工大学出版社,2003.

[9] 黄允中,张元勤,刘凡编著. 计算机辅助物理化学实验. 北京:化学工业出版社,2003.

[10] 蒋月秀,龚福忠,李俊杰编. 物理化学实验. 上海:华东理工大学出版社,2005.

[11] 张树彪,那立艳,华瑞年编. 双语物理化学实验. 北京:化学工业出版社,2009.

[12] 霍冀川主编. 化学综合设计实验. 北京:化学工业出版社,2007.

[13] 李元高主编. 物理化学实验研究方法. 长沙:中南大学出版社,2003.

[14] 吴子生,严忠主编. 物理化学实验指导书. 长春:东北师范大学出版社,1995.

[15] 天津大学物理化学教研室编. 物理化学(第四版). 北京:高等教育出版社,2001.